Ilya Basin

Gestão de energia baseada na Internet

Ilya Basin

Gestão de energia baseada na Internet

ScienciaScripts

Imprint
Any brand names and product names mentioned in this book are subject to trademark, brand or patent protection and are trademarks or registered trademarks of their respective holders. The use of brand names, product names, common names, trade names, product descriptions etc. even without a particular marking in this work is in no way to be construed to mean that such names may be regarded as unrestricted in respect of trademark and brand protection legislation and could thus be used by anyone.

Cover image: www.ingimage.com

This book is a translation from the original published under ISBN 978-3-659-88733-8.

Publisher:
Sciencia Scripts
is a trademark of
Dodo Books Indian Ocean Ltd. and OmniScriptum S.R.L publishing group

120 High Road, East Finchley, London, N2 9ED, United Kingdom
Str. Armeneasca 28/1, office 1, Chisinau MD-2012, Republic of Moldova, Europe
Managing Directors: Ieva Konstantinova, Victoria Ursu
info@omniscriptum.com

Printed at: see last page
ISBN: 978-620-8-54088-3

Índice

RESUMO

Os recentes avanços tecnológicos e as alterações legislativas relativas à desregulamentação dos serviços de utilidade pública provocaram uma transformação no sector da gestão da energia.

A desregulamentação alterou a base económica e prática da produção, distribuição e consumo de energia. Deu mais liberdade aos produtores e consumidores de energia, mas, pelo caminho, também lhes criou muitos desafios.

A estes desafios juntam-se as oportunidades que esta liberdade oferece para otimizar o comércio, a produção, a distribuição e o consumo de energia através da utilização de novos sistemas de gestão da energia, nomeadamente os baseados na Internet.

A utilização de tais sistemas poderá trazer benefícios significativos, tanto económicos como ambientais. Para tirar partido dessas vantagens, é necessário compreender bem as realidades do novo mundo desregulamentado.

Os sistemas de gestão de energia baseados na Internet constituem um nicho relativamente novo nos sistemas informatizados de gestão e controlo. O aparecimento destes sistemas foi motivado pelas necessidades do novo mundo desregulamentado e pelos avanços tecnológicos que permitiram responder a essas necessidades.

As mudanças no sector da energia são tão recentes que, tanto quanto é do conhecimento do autor, o tema da gestão da energia no âmbito das novas realidades do sector ainda não foi objeto de muita literatura. Os objectivos do presente documento são os seguintes:

- Apresentar uma visão global das metodologias de gestão da energia no âmbito da desregulamentação.

- Discutir métodos e técnicas de utilização de sistemas computorizados de gestão de energia em geral e de sistemas de gestão de energia baseados na Internet em particular para maximizar a eficiência do consumo de energia. Serão discutidas em pormenor técnicas como o corte automático de carga, a redução de picos de consumo, a gestão inteligente de geradores eléctricos, a faturação sombra e muitas outras.

- Analisar os aspectos técnicos do RSEnergy - uma das principais soluções de software de gestão de energia do mercado, desenvolvida com o envolvimento direto do autor.

A visão geral do sector e as novas ideias apresentadas neste documento seriam úteis e interessantes para gestores de energia, executivos de serviços públicos e profissionais envolvidos na conceção e desenvolvimento de software de gestão de energia.

Professor principal **Data**

AGRADECIMENTOS

Algumas das informações descritas neste documento foram adquiridas por vários meios (em reuniões, em manuais, em documentos comerciais, etc.) enquanto o autor trabalhava na Engage Networks, Inc. As informações técnicas que aparecem sem citação foram extraídas da experiência de trabalho pessoal do autor.

Capítulo 1. Introdução

Atualmente, quando a população da Califórnia se debate com a nova regulamentação dos serviços públicos, a gestão da energia está nas primeiras páginas de todos os principais jornais e revistas.

Mas mesmo para além dos recentes acontecimentos na Califórnia, a gestão da energia é um tema quente no mundo atual. Estamos a tentar construir instalações mais eficientes e inteligentes face às crescentes necessidades energéticas e às novas regulamentações. A gestão eficiente da energia é a chave para o conseguir.

A gestão da energia (ou gestão de recursos, como é frequentemente designada) é uma combinação de políticas, regras, procedimentos e ferramentas que permitem a uma instalação ou a um grupo de instalações consumir eficientemente recursos energéticos de base, como a eletricidade, a água e o gás natural.

Os sistemas de gestão de energia são soluções informatizadas que permitem às empresas de eletricidade e aos utilizadores finais maximizar a sua eficiência na criação e utilização de energia.

Os últimos anos foram marcados por uma explosão de novas ferramentas e soluções de software e hardware para a gestão da energia. De facto, estamos a assistir à criação de uma nova indústria - soluções de gestão de energia assistidas por computador.

Isto não é surpreendente, uma vez que recentemente surgiram dois catalisadores muito importantes para essa mudança:

1) As tecnologias da informação e a Internet oferecem formas sem precedentes de melhorar a eficiência do consumo e da aquisição de recursos.

2) O processo de desregulamentação dos serviços públicos (eléctricos e outros) abre possibilidades ilimitadas para a aquisição de recursos de base.

Todas estas mudanças apresentam enormes oportunidades a todos os níveis: desde o gestor de energia de uma instalação até ao CEO de uma grande empresa de eletricidade. No entanto, para tirar o máximo partido destas oportunidades, é necessário compreender o que está a acontecer atualmente na indústria.

O objetivo desta tese é fazer uma revisão exaustiva da gestão de energia assistida por computador.

Começaremos por abordar os fundamentos da gestão da energia - as especificidades da gestão do consumo para cada um dos recursos. Isto ajudará o leitor, que pode não estar familiarizado com este domínio, a compreender melhor os desafios apresentados pela gestão da energia.

Em seguida, discutiremos as soluções de gestão de energia assistida por computador e como tirar o máximo partido das mesmas.

Iremos analisar os diferentes modelos em que estes sistemas de gestão de energia estão disponíveis, tais como o modelo ASP (Application Service Provider) e o modelo "shrinkwrapped". Veremos o que cada modelo exige do software de gestão de energia, quais são as suas vantagens e desvantagens para os utilizadores, e quando e onde podem ser melhor utilizados.

Em seguida, discutiremos as formas como o consumo de energia pode ser optimizado, tanto de forma económica como ecológica.

Falaremos sobre a forma de tirar partido, em termos práticos, das oportunidades oferecidas pela desregulamentação e pela Internet e sobre a forma como os computadores podem ajudar a otimizar o consumo de energia através da agregação da carga, do corte automático da carga e da redução dos picos de consumo, do controlo inteligente dos geradores, da compra eficiente de energia, etc. Serão discutidas várias abordagens com diferentes vantagens e desvantagens.

Atualmente, estão disponíveis comercialmente vários sistemas desenvolvidos especificamente para a gestão da energia. O número destes sistemas está a aumentar muito rapidamente, uma vez que as pessoas estão a aperceber-se do potencial comercial desta indústria em crescimento.

Iremos discutir em pormenor um dos principais sistemas de gestão de energia do mercado - o RSEnergy da Rockwell Software. Falaremos sobre a sua arquitetura interna e design. Além disso, discutiremos onde o sistema pode ser melhorado no futuro e como.

Em particular, discutiremos as alterações necessárias para utilizar este software no modelo ASP, bem como as melhorias no motor de faturação, etc.

Este documento ajudará o leitor a compreender os desafios da gestão da energia no mundo atual da desregulamentação, das tecnologias da informação e dos apagões na Califórnia.

Os fundamentos aqui discutidos são essenciais para gerir uma instalação de fabrico eficiente e tirar o máximo partido dos sistemas automatizados de gestão de energia.

Esta tese explicará as novas e importantes realidades da indústria energética dos EUA, uma indústria que está atualmente a sofrer uma enorme transformação devido à recente introdução de nova legislação e de novas tecnologias.

Capítulo 2. Fundamentos da gestão da energia

Para gerir os recursos, é necessário compreender as especificidades de cada um dos bens de infraestrutura: água, gás e eletricidade. Enquanto a água e o gás são bastante simples de gerir, a eletricidade é muito diferente e apresenta alguns desafios na sua gestão e aquisição.

2.1 Água e gás

Uma fábrica moderna utiliza quase sempre água e gás natural no seu processo de fabrico. Ambos os produtos são utilizados para uma variedade de fins: aquecimento, arrefecimento, limpeza, etc. Ambos são fornecidos através de tubagens e depois distribuídos por toda a instalação.

Embora a ligação das condutas represente um desafio maior do que a passagem dos fios eléctricos, a gestão do consumo de água e de gás é muito mais simples do que a gestão da energia eléctrica.

Normalmente, a utilização de água ou gás tem apenas uma dimensão - quantos galões, no caso da água, e quantos HCF (Hundreds of Cubic Feet), no caso do gás, foram utilizados. Quanto menos for utilizado, mais dinheiro é poupado. Ponto final.

A gestão da água e do gás consiste principalmente em encontrar formas de consumir menos ou reutilizar mais, alterando o processo de fabrico ou através da utilização de máquinas mais avançadas.

Nos casos raros em que o consumo de água ou de gás se faz em grandes explosões que excedem a capacidade de largura de banda das canalizações exteriores, é necessário instalar reservatórios internos para armazenamento, de modo a fornecer a capacidade necessária para satisfazer essas explosões.

Há muito pouco que um gestor de energia possa fazer no que diz respeito à compra de água e gás, para além de fazer compras e tentar encontrar o melhor preço por galão ou HCF. Nos estados onde os serviços de utilidade pública foram desregulamentados, um gestor de energia pode procurar entre os fornecedores o melhor negócio.

Os planos tarifários para a água e o gás são lineares: há um preço por galão ou por pé cúbico que é multiplicado pela utilização mensal para calcular a taxa mensal.

Taxa de água = Preço por galão * Galões utilizados

Taxa de gás = Preço por HCF * HCFs consumidos

Por vezes, há também um encargo mensal constante, frequentemente designado por "encargo do cliente", que pode ser acrescentado à fatura final. Esse encargo é geralmente relativamente pequeno e, para uma grande instalação com grande consumo, insignificante, em comparação com a parte da fatura relativa à utilização.

As questões de segurança estão entre outras considerações associadas ao consumo e armazenamento de água e gás. Estas, no entanto, ultrapassam o âmbito desta tese.

2.2 Eletricidade

É muito provável que não exista uma única grande fábrica no mundo de hoje que não utilize eletricidade. Desde o início do século passado, todo o equipamento industrial moderno tem funcionado com energia eléctrica. A eletricidade provou ser muito versátil para a produção:

- A eletricidade é muito facilmente distribuída através de fios relativamente compactos que podem dobrar-se facilmente.
- A eletricidade pode desempenhar uma série de funções: aquecimento, iluminação, funcionamento de um motor, realização de cálculos, armazenamento e recuperação de informações, etc.
- O consumo de eletricidade não está normalmente associado a ruído ou calor excessivos.

Também não gera subprodutos negativos, como gases de escape tóxicos. (A maioria das formas de produção de eletricidade, no entanto, está associada a esses subprodutos negativos).

Todas estas propriedades fazem da eletricidade o vetor energético de eleição para as instalações de produção em todo o mundo. A eletricidade é, sem dúvida, o bem de infraestrutura mais importante. Infelizmente, é também o mais complexo de gerir.

2.2.1 Qualidades distintivas da eletricidade

Q Por que razão é tão complexa a gestão da eletricidade? Que factores contribuem para essa complexidade?

A mbora a eletricidade, juntamente com a água e o gás, seja considerada um dos principais bens de infraestrutura, há vários aspectos que a tornam fundamentalmente diferente.

2.2.1.1 Mercadoria não armazenável

A diferença mais importante entre a eletricidade e outros recursos infra-estruturais é que se trata de um bem ***não armazenável***.

Por outras palavras, atualmente não existe uma tecnologia eficiente para armazenar energia eléctrica em grandes quantidades, ao passo que o gás e a água podem ser facilmente armazenados durante longos períodos de tempo.

Isto significa que ***a energia eléctrica deve ser consumida imediatamente após a sua produção*** ou perder-se para sempre.

Isto, por sua vez, leva a um importante p rincípio para a produção de eletricidade: ***em qualquer momento, uma empresa de serviços públicos deve ser capaz de produzir e transmitir energia suficiente para satisfazer os picos de consumo exigidos pelos seus clientes***.

Como veremos mais adiante, estes factores afectam a forma como uma empresa de eletricidade fatura os seus consumidores e são precisamente a razão pela qual a gestão da eletricidade é uma tarefa tão difícil.

2.2.1.2 Qualidade da energia

Em rigor, a energia eléctrica em corrente alternada não é uma mercadoria, como dissemos acima.

As cargas indutivas ou capacitivas podem afetar o que se designa por ***qualidade da energia*** - a medida do atraso entre os ciclos de tensão e corrente eléctrica e a qualidade dos próprios ciclos.

No entanto, para a maioria dos fins práticos de utilização da eletricidade, o efeito da qualidade da energia é negligenciável e, para efeitos de gestão da energia, podemos continuar a considerar a energia eléctrica como um bem.

2.2.2 Como as empresas de eletricidade medem a energia

A energia eléctrica é medida em kWh (kilo-Watt-hora). O KWh é uma medida da energia eléctrica total utilizada durante um período de tempo.

No entanto, não indica o padrão de utilização de energia durante esse período, o que é um fator muito importante.

Uma vez que a eletricidade é um bem não armazenável, faz uma grande diferença para a empresa de serviços públicos se a utilização de energia foi mais ou menos constante ao longo de um período mensal ou se foi toda utilizada numa grande explosão num determinado dia desse mês (ver Figura 1.).

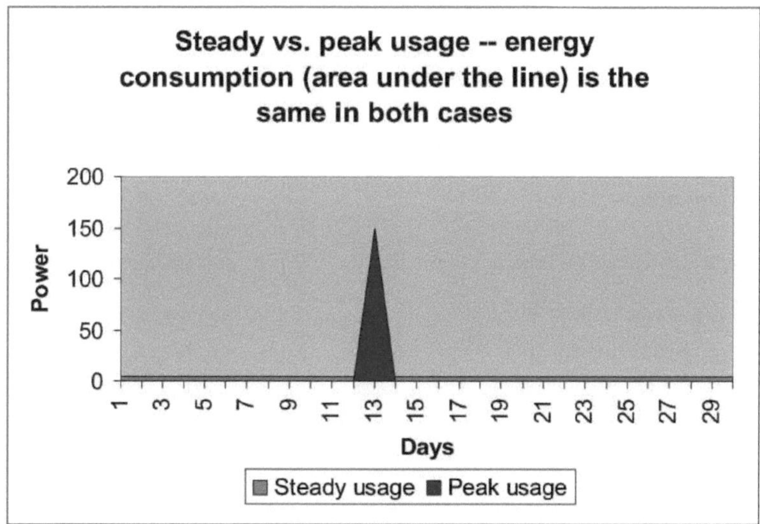

Figura 1.

Se a energia foi toda utilizada num único dia, isso significa que, em qualquer dia do mês, a empresa de eletricidade deve ser capaz de produzir e transmitir cerca de 30 vezes mais energia do que se a utilização de energia fosse distribuída uniformemente. Uma vez que essa energia não pode ser produzida antecipadamente e armazenada para os picos (porque não podemos armazenar energia eléctrica), tem de ser produzida e transmitida de um momento para o outro.

Tudo isto significa que, para satisfazer o cenário de rutura num único dia, a empresa de eletricidade deve ter uma capacidade de produção e de transmissão cerca de 30 vezes superior.

A partir daqui, torna-se óbvio porque é tão importante para a empresa de serviços públicos saber não só a quantidade de energia consumida durante o mês, mas também o padrão de consumo de energia.

Como vimos, a energia consumida não é suficiente para medir a eletricidade. Um parâmetro adicional importante para a faturação da eletricidade é o Pico de Procura.

A procura é medida em kW (kilo-watts) e, embora semelhante à potência, não é exatamente a mesma coisa.

A procura é a potência média utilizada durante um período de tempo de amostragem denominado Janela de procura.

A Janela de Procura é um período de tempo durante o qual é calculada a média da procura.

A procura de pico é derivada da procura. ***A procura de ponta é o valor máximo da procura durante o período de faturação.***

As empresas de eletricidade utilizam uma variedade de janelas de procura, que vão de 1 minuto a 60 minutos, embora as janelas mais utilizadas sejam as de 5, 15 e 30 minutos.

Para calcular a procura, as empresas de serviços públicos normalmente consideram a energia total utilizada durante o período da janela de procura e dividem-na pela duração dessa janela:

Procura = Energia utilizada / Janela da procura

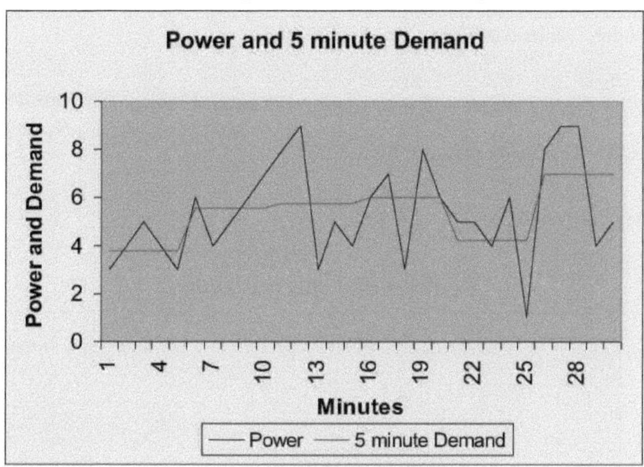

Figura 2.

A Figura 2 mostra a potência e a procura de 5 minutos traçadas no mesmo gráfico. A procura está a ser recalculada a cada 5 minutos (duração da Janela de Procura).

Assim, num período de uma hora, obteríamos 12 valores de procura de 5 minutos. Num período de um dia, obteríamos 2448 valores (12*24) e, durante um mês, obteríamos cerca de 73440 valores (30*2448).

O pico de procura é o máximo dos valores de procura para o período de faturação (normalmente um mês).

O pico de procura e a energia fornecem a base para a faturação porque representam a quantidade de energia consumida e a forma como foi consumida. Estes dois valores são as principais medidas utilizadas pelas empresas de eletricidade em todo o mundo para efeitos de faturação.

2.2.3 Aproximação da janela deslizante

Suponhamos que há mais do que uma parte a medir a utilização de eletricidade. Pretendem medir a energia consumida e o pico de procura (utilizando uma janela de procura de 15 minutos).

Obviamente, uma vez que estas partes estão a medir a mesma coisa, deveriam estar a obter os mesmos resultados.

De facto, obterão exatamente os mesmos resultados para a energia, mas para o pico da procura os seus resultados podem variar consideravelmente. Porquê?

A razão é que, a menos que façamos um esforço para sincronizar os seus períodos de procura, podem acabar por ter valores de procura máxima diferentes.

A figura 3 apresenta um exemplo.

Pedidos não sincronizados

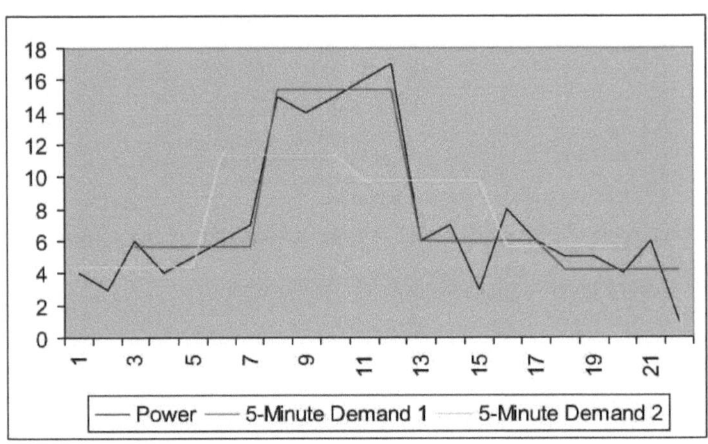

Figura 3.

A figura 3 mostra três linhas: A potência e dois pedidos de 5 minutos derivados da mesma. Note-se que estes pedidos de 5 minutos não estão sincronizados entre si.

É fácil ver que se a procura de ponta for calculada separadamente a partir destas duas linhas de procura, chegaremos a números diferentes, apesar de estarmos a analisar os mesmos dados de amostra.

Para resolver este problema, é utilizado o ***impulso de sincronização da procura***. Este impulso assinala o início de um novo período de procura a cada uma das partes que efectuam a medição

No entanto, por vezes é difícil transmitir o impulso de sincronização da procura a várias partes, especialmente quando estas estão geograficamente dispersas.

Uma solução alternativa que não depende do impulso de sincronização é designada ***por aproximação***

de janela deslizante.

O método de aproximação por janela deslizante utiliza a mesma técnica de cálculo da procura descrita acima. No entanto, em vez de recalcular a procura a cada comprimento da janela de procura, esta é recalculada a cada minuto, fazendo deslizar a janela de procura um minuto de cada vez, em vez de saltar o comprimento total da janela de procura. Daí o nome - aproximação por janela deslizante. O pico de procura é, portanto, calculado como o máximo de todas as necessidades calculadas a cada minuto.

É importante compreender que a Janela de Procura não é necessariamente igual a 1 minuto sempre que é utilizada uma aproximação de janela deslizante. O comprimento da janela de procura pode ser qualquer valor. Para que a aproximação da Janela Deslizante seja eficaz, a Janela de Procura deve ser superior a 1 minuto.

O método de aproximação da janela deslizante não garante resultados absolutamente idênticos, uma vez que os momentos em que a janela desliza ainda não estão sincronizados. Mas t, pelo menos, é garantido que não se afastam um minuto um do outro. Na prática, a diferença de resultados quando este método é utilizado é negligenciável, e quanto maior for a janela de procura, mais negligenciável é.

Atualmente, a aproximação da janela deslizante não é muito utilizada, mas é um conceito importante a compreender, uma vez que a sua utilização está a aumentar.

Capítulo 3. Desregulamentação dos serviços de utilidade pública

Como já foi referido, um dos catalisadores do nascimento da indústria de soluções de gestão de recursos é a desregulamentação dos serviços de eletricidade, atualmente em curso nos Estados Unidos.

3.1 Desregulamentação

A desregulamentação dos serviços de utilidade pública é semelhante à desregulamentação da indústria telefónica.

Todos os serviços de eletricidade, tal como as companhias telefónicas, eram monopólios regulados pelo governo.

Os consumidores estavam limitados a uma única empresa para comprar serviços. O governo controlava as actividades dessa empresa para garantir que não abusava do seu poder de monopólio e para regular os preços.

A ideia da desregulamentação é fazer com que o mercado, e não o governo, regule os serviços públicos. Assim, é possível le comprar eletricidade, gás ou água em vez de ser obrigado a comprar a uma única fonte.

O processo de desregulamentação está a avançar de estado para estado. Muitos estados (como a Califórnia e o Illinois, por exemplo) já aprovaram a legislação necessária e descentralizaram os seus serviços de utilidade pública.

Considera-se provável que, dentro de dez anos, todo o território continental dos Estados Unidos venha a ser desregulamentado.

Em alguns Estados, o processo de desregulamentação está a produzir resultados indesejáveis. Um bom exemplo de um subproduto desagradável é a atual crise energética da Califórnia. A crise californiana ilustra o facto de a desregulamentação poder ser uma faca de dois gumes e criar problemas se não for bem pensada [Greenwald].

No entanto, estou firmemente convencido de que a desregulamentação é, em última análise, positiva para o sector.

Uma vez ultrapassadas algumas das dores de crescimento iniciais, a desregulamentação conduzirá a uma indústria muito mais saudável, em que as forças do mercado, em vez dos burocratas do governo, estão no controlo.

3.2 Rede de energia eléctrica

O que permite a desregulamentação da eletricidade é a ***rede de energia eléctrica***. A rede de energia eléctrica liga todas as centrais eléctricas e consumidores de energia dos EUA e permite-lhes partilhar energia.

Toda a energia produzida por uma grande central eléctrica vai para a rede e toda a energia consumida é retirada.

Isto permite a uma instalação do Wisconsin comprar energia a uma empresa de eletricidade da Califórnia.

O que acontece é o seguinte: a empresa de eletricidade fornece uma determinada quantidade de energia à rede e o consumidor retira a mesma quantidade de energia da rede. ***Esta energia não tem necessariamente de ser a mesma.***

É mais fácil pensar na rede como uma grande piscina de água. Os serviços públicos deitam água na piscina e o que colocam é registado. Os consumidores retiram água da piscina, que é novamente registada.

A água que o consumidor recebe da piscina não é necessariamente a mesma água que foi colocada pela empresa de eletricidade. De facto, é muito provável que não seja. No entanto, isso não tem importância, uma vez que a água é a mesma em toda a piscina - é uma mercadoria.

O mesmo acontece com a eletricidade, para a maioria dos fins práticos. Este sistema permite-nos comprar energia não só a uma empresa de eletricidade local, mas também a centenas de empresas de eletricidade de todo o país, embora a energia que utilizamos seja provavelmente proveniente da nossa empresa de eletricidade local.

Esta abordagem funciona desde que negligenciemos a qualidade da energia e partamos do princípio de que a eletricidade é uma mercadoria. Por outras palavras, aplicando o mesmo exemplo que temos vindo a utilizar, se uma empresa está a despejar água limpa e a outra está a despejar água suja na piscina, pode estar a comprar à empresa "limpa" mas a receber o produto "sujo".

Na maioria dos casos, as diferenças na qualidade da energia eléctrica não são muito significativas, o que nos permite assumir com segurança que a eletricidade é uma mercadoria.

É interessante notar que os Estados Unidos foram o segundo país do mundo a construir uma rede nacional de energia eléctrica em grande escala - o primeiro foi a antiga União Soviética.

3.3 Desafios e oportunidades

Apesar de todas as oportunidades que a desregulamentação cria para os gestores de energia, também apresenta muitos desafios, especialmente na área da eletricidade.

Os planos de tarifas eléctricas (como se verá mais adiante neste documento) não são muito fáceis de comparar. De facto, o que pode ser um bom plano tarifário para uma instalação pode ser desastroso para outra - à semelhança do que acontece com os diferentes planos de longa distância para pessoas diferentes.

Para o gestor de energia, encontrar o plano tarifário correto pode ser simultaneamente um grande desafio e uma enorme oportunidade de poupar dinheiro.

Para uma grande instalação industrial, o total anual de contas de eletricidade pode variar entre 400 000 e 1 500 000 dólares e, por vezes, até mais. Poupar nem que seja uma fração desse montante pode ser bastante vantajoso.

De acordo com a Engage Networks, Inc. (um dos principais intervenientes neste novo mercado de soluções de gestão de energia), as empresas que seguem procedimentos eficientes de gestão de energia facilitados pela solução de software AEM (Active Energy Management) da Engage poupam entre doze a dezassete por cento na sua fatura de eletricidade. Para alguns dos seus clientes, isto representa uma poupança anual de mais de 250.000 dólares - uma quantia bastante elevada.

Para poder tirar o máximo partido da desregulamentação e escolher os planos de tarifas de eletricidade, água e gás adequados às suas instalações, um gestor de energia deve compreender o seguinte:

a) Como é que a sua instalação está a consumir recursos

b) Planos de tarifas eléctricas

c) Formas de gerir a sua empresa de forma mais eficiente

d) Formas de poupar dinheiro na conta da eletricidade

3.4 Futuro do sector

O impacto das forças de mercado no sector dos serviços públicos é incerto. No entanto, podemos fazer algumas previsões com base no que já aconteceu. Os Estados, que já vivem uma vida "desregulamentada" há algum tempo, dão-nos uma ideia.

3.4.1 Futuros

O preço da eletricidade no mercado desregulamentado é determinado pela oferta e pela procura e, devido à qualidade não armazenável da eletricidade, o preço pode mudar ao minuto.

De facto, na Califórnia, existe um pregão (semelhante à Bolsa de Valores) onde os serviços públicos e os consumidores negoceiam energia eléctrica.

Neste mercado, o preço muda todos os dias e a todas as horas, criando uma incerteza considerável tanto para as empresas de eletricidade como para os seus clientes.

Se eu for o c liente (uma grande fábrica, por exemplo), sei, a partir de dados históricos, aproximadamente quanta energia a minha instalação está a consumir. Quero poder projetar as minhas despesas (para efeitos de orçamento) com base no preço da energia eléctrica e não quero ter de lidar com a incerteza da variação dos preços.

Por outro lado, as empresas de eletricidade são elas próprias instalações de produção. Também gostariam de poder fazer orçamentos. Precisam de projetar as vendas para atualizar o equipamento, comprar novas centrais eléctricas, contratar pessoal, etc. As empresas de eletricidade também não querem lidar com a incerteza da variação dos preços.

Atualmente, ou a empresa de eletricidade assume o risco, assinando um contrato com o cliente por um determinado preço, ou o cliente assume o risco, comprando energia a um preço diferente todos os dias. Normalmente, nenhuma destas entidades quer lidar com esse risco.

Por conseguinte, é previsível que, na nova situação, surja outra entidade para gerir esse risco. Esta entidade negociará futuros no mercado elétrico e assumirá o risco da variação dos preços da energia eléctrica da mesma forma que um comerciante assume o risco da variação dos preços dos cereais quando negoceia futuros de cereais.

As empresas de serviços públicos e os seus clientes, por outro lado, terão um preço estável (o preço dos futuros que adquiriram) que podem utilizar na sua orçamentação e, por conseguinte, libertar-se das incertezas da variação dos preços.

3.4.2 Transmissão

Outro tipo de entidade poderá surgir como resultado da desregulamentação - as empresas de transporte.

No mundo regulamentado de ontem, as empresas de serviços públicos eram proprietárias das linhas de transmissão para os seus clientes. Isto era natural, uma vez que os seus clientes estavam normalmente localizados em se geograficamente.

Além disso, nesse mundo, os serviços públicos não tinham escolha. Tinham de possuir e manter as linhas de transmissão porque eram essas as regras do jogo e o governo controlava o sector.

No entanto, muitos peritos prevêem que, no futuro, as empresas vão querer especializar-se quer na produção de eletricidade quer no seu transporte.

Isto é semelhante ao sector agrícola. Um agricultor não tem os meios para distribuir o seu produto, enquanto um distribuidor de cereais ou de milho não tem os meios para o produzir.

Embora não tenhamos a certeza, muitos especialistas prevêem que algumas empresas de serviços públicos começarão a vender os seus activos de produção para se concentrarem na transmissão e distribuição de energia. As outras "venderão os seus fios" para se concentrarem na produção de energia. O mesmo se aplica à água e ao gás.

Mesmo que a distribuição e a produção fizessem parte da mesma empresa, seriam provavelmente divididas em unidades de negócio distintas e geridas separadamente.

Capítulo 4. Compreender as facturas dos serviços públicos

Nenhum empresário quer estar num mercado que venda produtos genéricos - esta é uma regra de marketing. As empresas de serviços públicos (tal como outros tipos de empresas) procuram diferenciar o seu produto e encontrar um nicho de mercado para si próprias.

Algumas empresas de serviços públicos fazem-no através de serviços de valor acrescentado. Por exemplo, a Duke Energy - a segunda maior empresa de eletricidade dos EUA - está a oferecer aos seus clientes "desregulamentados" o eMetering - um sistema de gestão de energia via Internet baseado no sistema de gestão ativa de energia da Engage Networks [Duke].

Este sistema é oferecido no modo ASP (Application Service Provider) e está disponível para os seus clientes desde que estes comprem recursos à Duke Energy. (Consulte o Capítulo 5.5.2 para obter a definição de ASP).

Ao fazê-lo, a Duke (e muitas outras empresas que fazem coisas semelhantes) está a dizer: não só lhe vamos vender eletricidade, gás e água, como também o vamos ajudar a geri-los melhor e, em última análise, ajudá-lo a poupar dinheiro.

Outra forma de as empresas de serviços públicos diferenciarem o seu produto é através da faturação. À semelhança das operadoras de telefonia de longa distância, as empresas de serviços públicos oferecem planos tarifários que agradam a diferentes tipos de utilizadores.

A diferenciação baseia-se na dimensão do consumidor (quanta energia necessita), no seu perfil de procura (padrão de utilização: o seu consumo de energia é constante ou tem muitos picos?), nas horas de ponta (a que horas do dia a energia é mais cara), etc.

Para além de diferenciarem o seu produto do dos seus concorrentes, os planos tarifários complexos permitem que as empresas de serviços públicos associem os seus planos tarifários às suas capacidades de produção e, mais importante ainda, que os associem às deficiências das suas capacidades de produção.

Os serviços de utilidade pública permitem que os seus clientes paguem menos pela energia, se esta for utilizada de uma forma que seja conveniente para o serviço de utilidade pública produzir. Se, por outro lado, o cliente utiliza essa energia de uma forma que não é conveniente para a empresa de eletricidade produzir, esse cliente é obrigado a pagar mais pelo privilégio.

É por essa razão que já existiam planos tarifários complexos mesmo antes do início da desregulamentação. Alguns peritos pensam que as tarifas se tornarão mais simples agora, uma vez que, nessa altura, poderão ser mais fáceis de comercializar. No entanto, este facto é ainda incerto.

Vejamos os planos de tarifas mais de perto.

4.1 R ate plans

Todos os planos tarifários são compostos por vários encargos. As taxas somadas determinam o total da fatura de eletricidade. Um tarifário complexo pode conter uma dúzia ou mais de taxas, algumas das quais podem ser condicionais.

A Figura 4 mostra um exemplo de uma fatura de eletricidade gerada pelo sistema Invensys eLutions. É um bom exemplo da complexidade das facturas de eletricidade.

Fatura de eletricidade gerada pelo sistema de gestão de energia eLutions

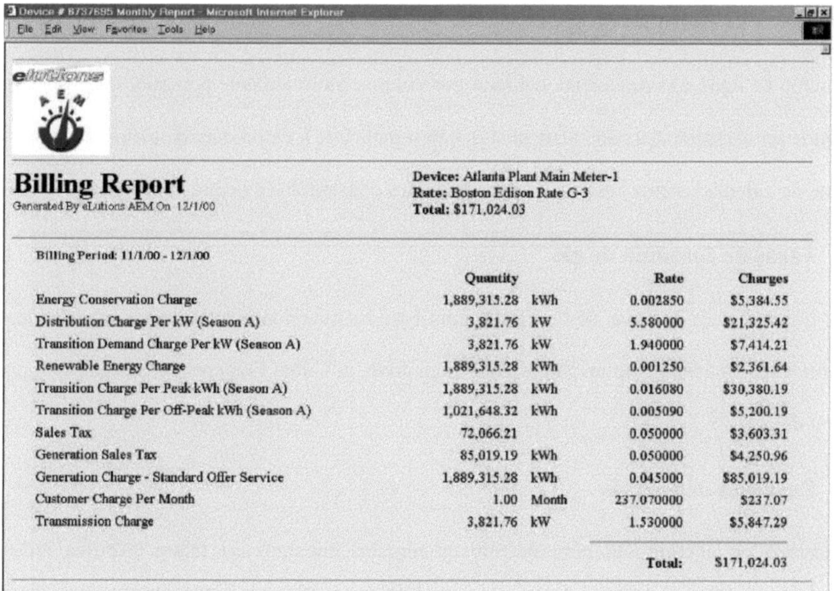

Device # 6737695 Monthly Report - Microsoft Internet Explorer

File Edit View Favorites Tools Help

eLutions

Billing Report

Generated By eLutions AEM On 12/1/00

Device: Atlanta Plant Main Meter-1
Rate: Boston Edison Rate G-3
Total: $171,024.03

Billing Period: 11/1/00 - 12/1/00

	Quantity		Rate	Charges
Energy Conservation Charge	1,889,315.28	kWh	0.002850	$5,384.55
Distribution Charge Per kW (Season A)	3,821.76	kW	5.580000	$21,325.42
Transition Demand Charge Per kW (Season A)	3,821.76	kW	1.940000	$7,414.21
Renewable Energy Charge	1,889,315.28	kWh	0.001250	$2,361.64
Transition Charge Per Peak kWh (Season A)	1,889,315.28	kWh	0.016080	$30,380.19
Transition Charge Per Off-Peak kWh (Season A)	1,021,648.32	kWh	0.005090	$5,200.19
Sales Tax	72,066.21		0.050000	$3,603.31
Generation Sales Tax	85,019.19	kWh	0.050000	$4,250.96
Generation Charge - Standard Offer Service	1,889,315.28	kWh	0.045000	$85,019.19
Customer Charge Per Month	1.00	Month	237.070000	$237.07
Transmission Charge	3,821.76	kW	1.530000	$5,847.29
			Total:	$171,024.03

Figura 4.

Um gestor de energia eficaz deve compreender as tarifas dos serviços públicos para poder escolher a melhor tarifa para a sua instalação.

Como se pode ver na figura 4, a fatura é constituída por uma lista de encargos que são somados para obter um custo total.

Vejamos as acusações em geral e tentemos classificá-las.

4.2 Tipos de encargos

Como aprendemos anteriormente, duas variáveis principais são utilizadas para gerar contas de eletricidade. São elas a energia e o pico de procura. De facto, estatisticamente, a energia e a procura contribuem para cerca de 90% do resultado final de uma fatura eléctrica média.

De acordo com os dados da Engage Networks para o ano de 1999, os encargos médios de procura contribuem com cerca de 40% da fatura de eletricidade, enquanto os encargos médios de energia constituem cerca de 50%. Os restantes 10% são constituídos por encargos diversos.

Vejamos as diferentes taxas e as suas variações.

4.2.1 Taxas de consumo de água

O consumo de água é normalmente cobrado por volume (normalmente por galão). Uma vez que a água pode ser armazenada, não existe uma noção semelhante à da procura de eletricidade. As taxas de água são calculadas com base no número de galões consumidos e no preço por galão.

4.2.2 Taxas de consumo de gás

O gás, à semelhança da água, só é cobrado com base na quantidade total de gás consumido. Esse montante é multiplicado pelo preço por HCF (Hundreds of Cubic Feet) para se chegar ao montante final em dólares.

4.2.3 Encargos de energia

Os encargos de energia são normalmente os maiores encargos na fatura eléctrica industrial. Contribuem normalmente com cerca de 50% do total da fatura (em que a procura representa 40% e o resto são encargos diversos).

As tarifas de energia são relativamente simples. Baseiam-se na quantidade de energia utilizada (kWh) e, normalmente, é cobrada uma taxa por kWh.

A energia y reflecte o total de energia que este cliente recebeu da empresa de serviços, sem especificar como essa energia foi consumida.

Na maioria dos planos tarifários residenciais, a taxa de energia é a única taxa que vemos na fatura. O preço por kWh, no entanto, é muito mais elevado do que o pago por uma grande instalação.

4.2.4 Encargos de procura

Os encargos de procura contribuem normalmente para cerca de 40% da fatura de eletricidade para cargas comerciais ou industriais. São normalmente o segundo maior item da fatura depois da(s) tarifa(s) de energia.

A taxa de procura baseia-se normalmente na procura máxima do período de faturação (normalmente um mês). Os encargos de procura são calculados como o pico de procura (kW) multiplicado pelo preço por kW.

Na maioria das vezes, a procura de ponta é calculada como o valor máximo da procura durante um determinado mês, mas nem sempre é esse o caso. Por vezes, são utilizados cálculos di ferentes.

Por exemplo, há planos em que o pico de procura é definido como uma média dos três valores mais elevados de procura durante o mês que não ocorram no mesmo dia.

Também são utilizados outros modelos, mas o essencial é que os serviços públicos pretendem incentivar o consumo sem picos de consumo. Quanto mais plano for o perfil da procura, menos se paga como consumidor de eletricidade.

Note-se que, para além do preço por kW, é importante ter em conta a duração da janela de procura.

Quanto mais curta for a Janela de Procura, maior será o valor do Pico de Procura: uma Janela de Procura mais longa suaviza melhor os picos. Este é um resultado normal do processamento de sinais.

Observe a Figura 5.

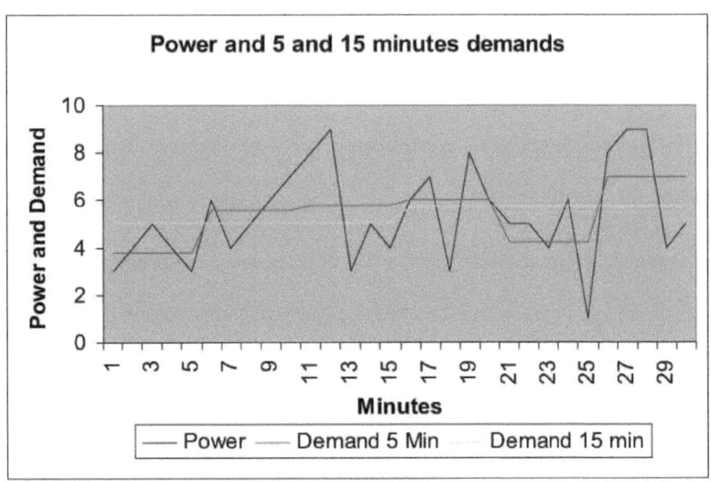

Figura 5.

Como se pode ver na figura 5, a procura máxima de 5 minutos é aproximadamente igual a 7, enquanto a procura máxima de 15 minutos é aproximadamente igual a 5,7. Ambos são derivados dos mesmos dados de potência.

Uma janela de procura mais curta produzirá sempre uma procura de ponta maior ou igual à de uma janela de procura mais longa.

Em resumo: os encargos de procura são normalmente a segunda maior parcela da fatura de eletricidade. Não só dependem do preço por kW, como também dependem muito da duração da Janela de Procura. Quanto menor for a Janela de Procura, maior será o encargo.

4.2.5 Encargos e créditos diversos

Para além dos encargos de procura e de energia, existem muitos encargos diversos que, no seu conjunto, constituem cerca de 10% da fatura eléctrica.

4.2.5.1 Encargos do cliente

Quase todas as facturas incluem taxas de cliente, por vezes também designadas por taxas de serviço. Trata-se de taxas fixas que o cliente deve pagar em cada período de faturação (normalmente mensal).

Estes encargos são normalmente muito pequenos e negligenciáveis em comparação com os encargos de energia e de procura.

4.2.5.2 Créditos condicionais

Por vezes, uma empresa de serviços públicos oferece um crédito à instalação por não exceder um determinado limite de procura. Este crédito pode ser uma linha separada na fatura ou (como veremos mais adiante) pode ser fornecido através de um preço mais baixo por kW ou kWh.

4.2.5.3 Créditos de redução

Os créditos de corte são semelhantes aos créditos condicionais.

Existem várias estruturas de redução, mas a ideia principal subjacente é que um cliente pode obter uma poupança significativa pelo direito de a empresa de serviços públicos o desligar ou reduzir o seu consumo durante os picos elevados, várias vezes por ano.

Isto pode fazer sentido para alguns clientes que possuam as suas próprias capacidades de produção de energia de reserva. Utilizar essas capacidades várias vezes por ano pode ser um preço pequeno a pagar em comparação com as potenciais poupanças.

Tal como os créditos condicionais, o crédito de redução pode ser um item de linha ou pode aparecer sob a forma de preços mais baixos por kWh ou kW.

Na maior parte dos sistemas de crédito de redução, o cliente pode optar por não ser cortado (em caso de avaria dos seus geradores, por exemplo), mas esta opção implica geralmente penalizações muito elevadas.

4.2.6 Futuro -- Encargos de transmissão

As taxas de transmissão são muito raras atualmente, mas prevê-se que a sua quota aumente drasticamente à medida que as empresas de serviços públicos e de transmissão se separam.

É difícil prever se as tarifas de transmissão serão fixas ou se dependerão do pico de procura ou da energia (quanto mais energia tiver de ser transmitida, mais cara será).

No entanto, os encargos de transmissão já surgiram e a sua quota-parte só irá aumentar num futuro próximo.

4.2.7 Modificadores de taxas condicionais

Cada um dos tipos de encargos que acabámos de descrever pode ser condicionado a um acontecimento.

Vejamos os modificadores de encargos condicionais.

4.2.7.1 Encargos sazonais

Muitas tarifas de energia e de procura são sazonais. Isto significa que, em estações diferentes, o preço por kW ou KWh pode ser diferente, reflectindo as alterações sazonais na procura de energia eléctrica no mercado. No verão, a procura é normalmente mais elevada devido à utilização de aparelhos de ar condicionado.

As empresas de serviços públicos definem normalmente duas estações: verão (de meados da primavera a meados do outono) e inverno (o resto do ano).

No entanto, não é raro haver mais de duas estações (por vezes até doze, uma para cada mês do ano) com preços diferentes para cada estação.

4.2.7.2 Períodos de tempo de utilização

Durante as diferentes horas do dia, a procura de energia no mercado é diferente. Este facto também se reflecte nas facturas de eletricidade.

As empresas de serviços públicos definem períodos de utilização para o dia: ponta, fora de ponta e, por vezes, ponta parcial. Os fins-de-semana e os feriados são normalmente fora de ponta.

Muitas vezes, existem diferentes preços de energia e procura para diferentes períodos TOU (time of use). A Figura 6 mostra o ecrã do RSEnergy para configurar os períodos TOU da procura.

Ecrã RSEnergy para configuração de períodos TOU

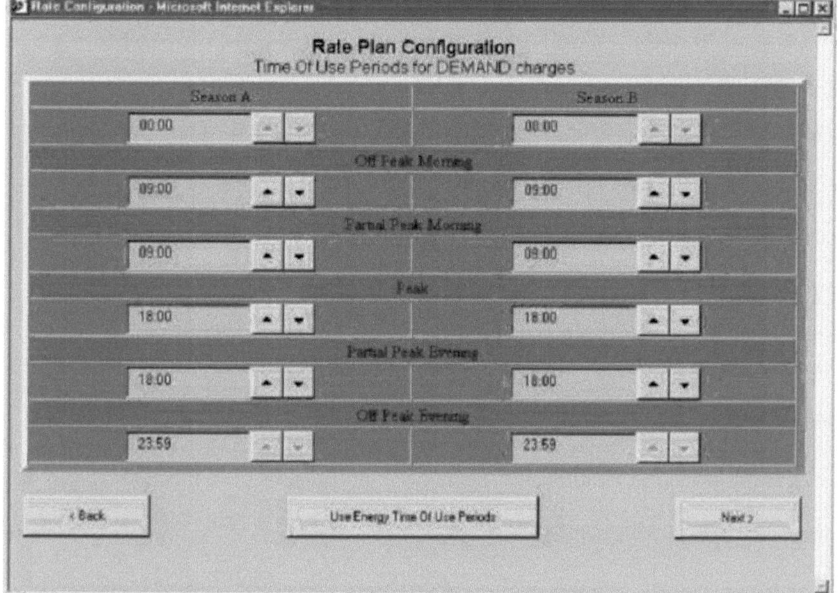

Figura 6.

Por exemplo, uma empresa de serviços públicos pode decidir cobrar um preço mais elevado por kWh nas horas de ponta e um preço mais baixo nas horas de vazio. Neste caso, podemos acabar por ter duas tarifas de energia na fatura: ***tarifa de energia em horas de ponta*** e ***tarifa de energia fora de horas de ponta.***

A mesma coisa acontece frequentemente com a procura. As empresas de serviços públicos calculam frequentemente a taxa de procura com base na procura máxima ***durante as horas de ponta*** ao longo do mês - que é quando lhes custa mais produzir mais energia eléctrica.

4.2.7.3 Estruturas tarifárias com vários níveis

Muitas vezes, os serviços de utilidade pública têm estruturas com vários níveis nos seus planos tarifários. As estruturas multinível podem aplicar-se tanto aos encargos de energia como aos encargos de procura e, potencialmente, aos encargos de transporte.

Por exemplo, o preço dos primeiros 15.000 kWh de energia consumidos durante o mês pode ser mais elevado do que o preço de qualquer kWh adicional utilizado. Através destas estruturas, os serviços públicos recompensam os clientes com grandes consumos.

As estruturas com vários níveis podem ser mais complexas. Por exemplo, o preço da energia pode ter vários níveis e depender do pico de procura do mês: se o pico de procura for inferior a um determinado limiar, o preço da energia por kWh é mais baixo, e se o pico de procura for superior a esse limiar, o preço da energia é mais elevado, etc.

4.2.7.4 Condições agregadas

Para tornar as coisas ainda mais complexas, estas condições são frequentemente aplicadas de forma agregada.

Os planos tarifários podem ter diferentes estruturas multi-camadas para diferentes épocas do ano e para diferentes períodos TOU, etc.

Não há limite para a complexidade de um plano tarifário. Normalmente, os contratos relativos a planos tarifários para grandes consumidores ocupam 4 a 5 páginas.

Capítulo 5. Gestão da energia na era da informação

Como aprendemos anteriormente, existem dois catalisadores para a indústria emergente de gestão de energia assistida por computador: a desregulamentação dos serviços públicos e os avanços na tecnologia da informação (nomeadamente o advento da Internet). Neste momento, já devemos estar familiarizados com o primeiro; vamos dar um passo atrás e analisar o segundo.

É importante compreender que a maioria dos benefícios que a Internet traz poderia ser alcançada através da utilização de outras tecnologias. No entanto, a Internet é um dos catalisadores que está a mudar toda a indústria de gestão de energia. Porquê?

O que a Internet traz para a mesa é uma infraestrutura de partilha de informação rentável. A Internet é para a informação o que a rede eléctrica é para a energia eléctrica. A informação poderia ser partilhada sem a Internet, tal como a energia eléctrica poderia ser transmitida sem a rede. No entanto, há uma enorme diferença entre a rede eléctrica e uma única linha eléctrica que se estende do ponto A ao ponto B com determinadas capacidades de transmissão. Há uma diferença semelhante entre a Internet e uma rede proprietária construída para um fim específico e instalada num local ou locais específicos.

Enquanto infraestrutura, a Internet abre possibilidades que antes estavam fora do domínio da realidade devido ao seu custo proibitivo e à sua complexidade.

5.1 A revolução da Internet

T Provavelmente não há uma única pessoa nos Estados Unidos que não tenha ouvido falar da Internet. A revolução da Internet que estamos a viver neste momento é provavelmente o avanço tecnológico mais importante do final do século XX e do início do século XXI.

5.2 A Internet e a World Wide Web

Atualmente, quando a maioria das pessoas pensa na Internet, pensa na World Wide Web. Esta é, no entanto, uma visão muito limitada.

A World Wide Web foi um dos principais catalisadores da recente explosão da Internet.

Através de um navegador Web, a World Wide Web permite a partilha de informações entre seres humanos de todo o mundo.

No entanto, a Internet não é apenas a World Wide Web. É muito mais do que isso. Antes de mais, a Internet é uma rede mundial de computadores.

A Internet é uma rede mundial de computadores constituída por várias redes mais pequenas, todas elas com o protocolo TCP/IP. A World Wide Web, por outro lado, é b baseada no protocolo HTTP que corre sobre o TCP/IP, transferindo sobretudo ficheiros HTML (ver figura 7).

Protostack da Internet

<table>
<tr><td>HTML</td><td>RDS</td><td>SOAP</td><td>Others</td><td>Email clients</td><td>COM</td><td>DCOM</td><td>CORBA</td><td>Others</td><td></td><td></td><td></td><td></td><td></td></tr>
<tr><td colspan="4">HTTP
(HyperText Transfer Protocol)</td><td>SMTP
(Simple Mail Transfer Protocol)</td><td colspan="4">RPC
(Remote Procedure Call protocol)</td><td colspan="5">Many others...</td></tr>
<tr><td colspan="14">TCP/IP
(Transmission Control Protocol/Internet Protocol)</td></tr>
</table>

Figura 7.

A Figura 7 mostra o protostack da Internet (pilha de protocolos de comunicação). Este diagrama não é, de forma alguma, uma representação completa dos protocolos da Internet, mas dá uma ideia de como a World Wide Web (HTML sobre HTTP) se enquadra no panorama geral da Internet.

Olhando para a figura 7, é fácil ver que a World Wide Web é apenas uma pequena fração do que a Internet pode fazer - uma fração muito importante e a mais utilizada, mas ainda assim apenas uma fração.

5.3 A revolução da Internet e a indústria transformadora

A Internet transformou e continua a transformar quase todos os sectores e todos os aspectos das nossas vidas.

A indústria transformadora não tem sido uma exceção, embora tenha sido um pouco mais lenta do que as outras a adotar as tecnologias da Internet.

Uma das razões é que, para a maioria dos fins do mundo industrial, a World Wide Web não é o aspeto mais importante da Internet - e a Internet tem-se desenvolvido principalmente nessa direção.

O que é mais importante para o ambiente de produção é o facto de a Internet ser uma rede informática global.

Historicamente, a indústria transformadora tem-se apoiado em redes informáticas proprietárias, como a SY/MAX e a ModBUS da SquareD, a DeviceNet e a ControlNet da Allen Bradley, a SeaBUS da Siemens, etc.

Cada um dos principais actores da automação industrial tinha a sua própria rede proprietária para que o seu software pudesse comunicar com os seus dispositivos.

A Internet apresenta uma série de vantagens importantes em relação às redes proprietárias para o fabrico em geral e para a gestão da energia em particular.

Há uma série de caraterísticas importantes da Internet que são muito apelativas para as redes industriais:

- **Redes económicas.** A Internet é muito barata em comparação com as redes proprietárias. O equipamento para a Internet (fios, hubs, routers, servidores, etc.) é produzido em grandes quantidades e é muito barato devido às economias de escala.

- **Infra-estruturas que, em muitos casos, já existem.** As redes TCP/IP já existem na maioria dos casos. Na maior parte dos casos, o acesso à Internet já está disponível e pode ser aproveitado para a solução de ligação em rede. Este facto diminui o custo e a complexidade da instalação - não é necessário começar do zero.

- **Tecnologia comprovada e amplamente utilizada por outros sectores.** Na última década, tem-se dedicado muita atenção à Internet. A Internet é uma tecnologia que tem sido aperfeiçoada pelos melhores e mais brilhantes da indústria informática. É muito mais fácil recrutar especialistas que compreendam a Internet do que especialistas para redes proprietárias. Já existem ferramentas de desenvolvimento de software para o desenvolvimento da Internet e são relativamente baratas e maduras. As normas da Internet estão bem desenvolvidas e mais bem concebidas do que qualquer um dos sistemas proprietários.

- **Rede e protocolo normalizados que são aceites por todos.** A Internet é uma rede normalizada e um protocolo normalizado que não suscita objecções de ninguém. A Internet é mais fácil de compreender pelos tipos não técnicos e mais fácil de obter a sua adesão em comparação com as redes proprietárias. As pessoas e as empresas sentem-se confortáveis com a utilização, a manutenção e a administração da Internet. Ninguém foi despedido por utilizar a Internet.

- **Tecnologia versátil e eficiente que pode ligar dispositivos na mesma sala e em diferentes partes do mundo.** A Internet pode ligar eficazmente dispositivos em diferentes partes do mundo e na mesma sala sem ter de alterar uma linha de código. Nenhuma rede proprietária poderia utilizar o mesmo software e a mesma tecnologia para LAN, WAN e redes globais ao mesmo tempo.

- **Escalabilidade** - nenhuma rede proprietária pode suportar potencialmente milhões de nós de rede.

- **A Internet funciona "fora da caixa" na maioria dos ambientes.** Não há necessidade de ajustar toda a rede para acrescentar um ou mais nós novos. As soluções desenvolvidas para uma intranet funcionarão muito provavelmente bem na maioria das intranets e na Internet.

- **Flexibilidade.** A Internet é flexível. Pode ser utilizada por muitos sistemas ao mesmo tempo para múltiplos objectivos e pode transportar muitos protocolos.

A Internet tem uma séria desvantagem em relação a algumas das redes proprietárias. Não é uma rede determinística - quando uma mensagem é enviada, não é garantida a sua entrega num determinado período de tempo. No entanto, para a maioria das aplicações, este problema pode ser facilmente ultrapassado, uma vez que o TCP/IP sobre Ethernet é mais rápido do que muitas redes proprietárias determinísticas.

Assim, a Internet torna possível o que antes era impossível ou economicamente inviável. Por exemplo:

- A Internet pode ligar dispositivos cuja ligação era demasiado dispendiosa.
- A Internet pode ajudar a criar empresas distribuídas.
- Com a Internet, os fabricantes podem manter-se ligados ao seu equipamento após a sua venda.
- Os fabricantes podem monitorizar e analisar informações de muitos e distantes locais numa base de minuto a minuto.
- Etc, etc

5.4 Aparelhos industriais para Internet

Tanto as redes informáticas em geral como a Internet em particular foram originalmente concebidas para ligar computadores remotos.

Desde então, o papel das redes informáticas expandiu-se consideravelmente. As redes já não são exclusivamente para computadores pessoais e mainframes. Atualmente, qualquer dispositivo inteligente pode comunicar através da rede. Os dispositivos ch são designados por aparelhos Internet ou eappliances.

Um aparelho eletrónico ou aparelho de Internet é um dispositivo que pode ser acedido através de a Internet, a fim de a controlar ou monitorizar.

Com todo o entusiasmo dos meios de comunicação social em torno da Internet, os electrodomésticos electrónicos são um tema quente neste momento.

Os aparelhos electrónicos que recebem mais atenção dos meios de comunicação social são produtos de consumo como máquinas de lavar roupa e micro-ondas com acesso à Internet, embora seja difícil justificar o pagamento de mais 500 dólares por uma máquina de lavar roupa com uma página Web.

Os aparelhos Internet, por outro lado, enquadram-se muito bem na indústria transformadora em geral e na gestão da energia em particular. De facto, já são amplamente utilizados na indústria. Por exemplo, o PMII (Power Monitor Two) da Allen-Bradley é um aparelho eletrónico [Allen-Bradley] (ver figura 8).

PMII (Monitor de potência 2) da Allen-Bradley

Figura 8.

O PMII é um contador elétrico de qualidade de energia que tem capacidade de Internet. Pode disponibilizar os seus dados a qualquer pessoa com um navegador Web. Ao introduzir o endereço IP do contador ou o seu nome de domínio na janela de endereço do browser, um utilizador pode visualizar os dados, bem como controlar e configurar o contador.

O PMII também possui uma API para que outros computadores possam ler os dados e escrever informações de configuração.

O contador KV da General Electric com placa Ethernet também tem capacidade para Internet

Figura 9.

Outros exemplos de aparelhos da Internet são o contador KV da General Electric ou o EPIM (Ethernet Pulse Input Module) da Engage Networks, que aloja seis contadores de leitura de impulsos na sua caixa [Engage] (ver figura 10).

Engage EPIM (Medidor de Leitura de Impulsos Ethernet)

Figura 10.

As diferenças entre medidores de qualidade de energia e de leitura de impulsos serão discutidas mais tarde. Compreendê-las não é importante neste momento. O que é importante agora é que todos estes medidores têm a capacidade de serem monitorizados e controlados remotamente através da Internet.

Há duas formas de aceder a estes dispositivos através da rede. A maior parte das aplicações electrónicas são idênticas: têm duas interfaces - uma interface humana e uma interface de máquina ou API (Interface de Programação de Aplicações).

5.4.1 Interface humana

A interface humana de um aparelho eletrónico permite que uma pessoa aceda ao aparelho através da rede sem a utilização de qualquer software especializado.

Isto é normalmente conseguido através da incorporação de um servidor Web no dispositivo e permitindo que os seres humanos acedam ao mesmo utilizando um navegador Web. Neste tipo de configuração, tudo o que o utilizador precisa de fazer é escrever o endereço de um dispositivo na caixa de caminho do navegador e fica ligado ao servidor Web do dispositivo, que fornece um conjunto de páginas Web dinâmicas através das quais os utilizadores podem monitorizar e/ou controlar o dispositivo (ver figuras 11 e 12).

Acesso ao servidor Web interno PMII da Allen Bradley com o Internet Explorer

Figura 11.

Aceder ao servidor Web interno EPIM da Engage Networks utilizando o Internet Explorer

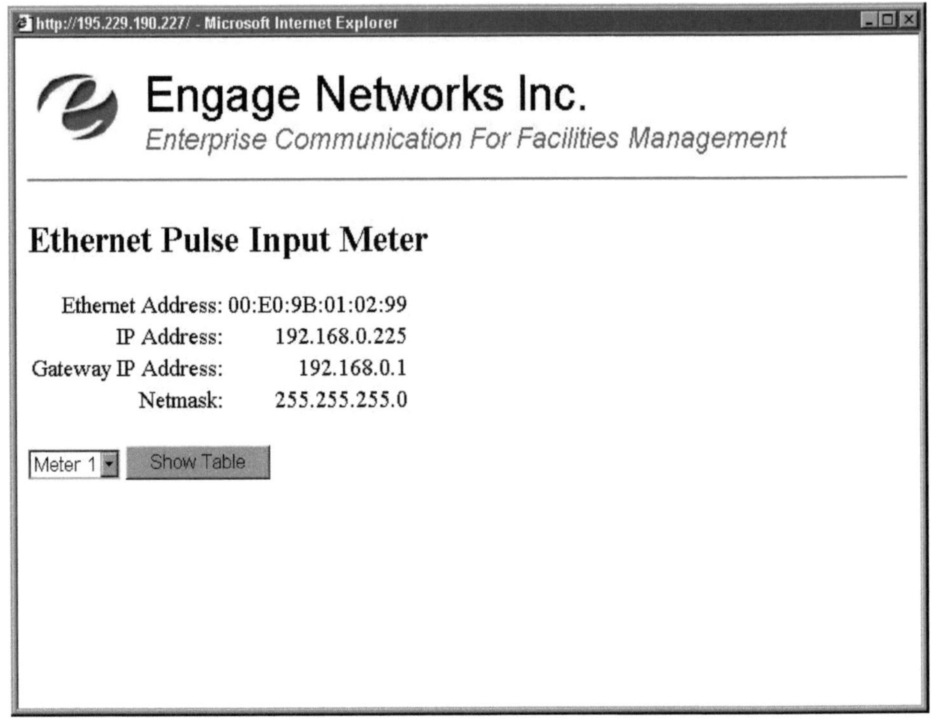

Figura 12.

Esta funcionalidade pode ser implementada utilizando um protocolo HTTP no software incorporado para o dispositivo.

Note-se que a implementação da interface humana através de um servidor Web e de um browser não é a única forma de implementar a interface humana. No entanto, atualmente, os navegadores Web são, de longe, os clientes mais populares e versáteis disponíveis.

5.4.2 Máquina API

A interface de rede humana através de um navegador Web proporciona a grande flexibilidade de aceder a um dispositivo em qualquer parte do mundo a partir de praticamente qualquer computador. No entanto, tem algumas deficiências. Algumas das funcionalidades mais avançadas, como a captura de oscilogramas ou a sincronização de impulsos da janela de procura, não podem ser convenientemente obtidas através da interface do navegador Web. Além disso, a interface Web, que é muito fácil de usar e conveniente para os seres humanos, não é adequada para o acesso por outros computadores.

É por isso que os aparelhos electrónicos têm normalmente uma interface API da máquina. Esta interface permite a outras aplicações, executadas em computadores remotos, um acesso mais avançado ao dispositivo ice.

Por exemplo, o sistema de gestão ativa de energia da Engage Networks pode aceder à informação oscilográfica captada pelo PMII e apresentá-la (ver figura 13).

Sistema de gestão ativa de energia que acede aos dados oscilográficos em o contador PMII através da Internet

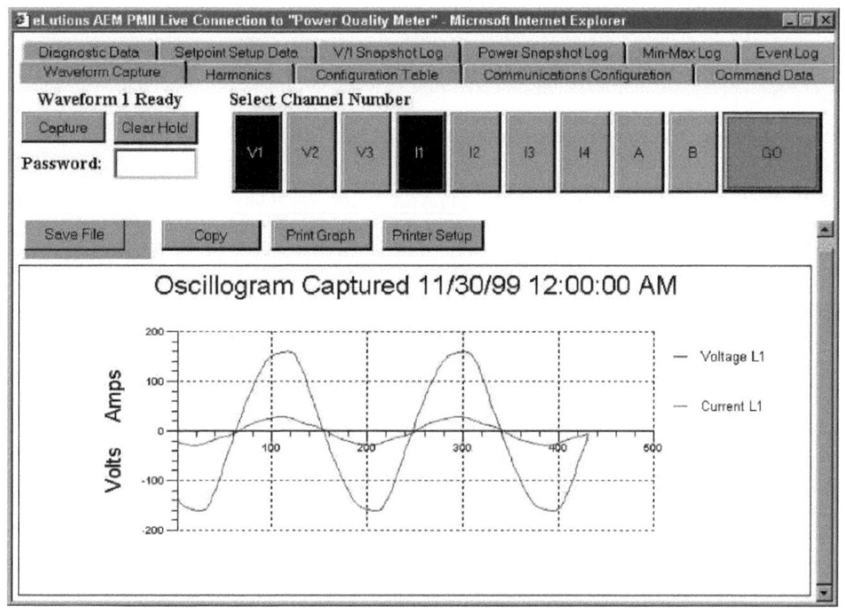

Figura 13.

Esta funcionalidade pode ser implementada através da utilização de um protocolo proprietário sobre TCP/IP, mas cada vez mais se assiste à utilização de protocolos standard para este efeito. De facto, existem vários protocolos (todos executados sobre o TCP/IP) que são adequados para esta tarefa. Eles incluem, mas não estão limitados a:

- **RPC.** Chamada de procedimento remoto. Um protocolo independente do sistema para implementar chamadas de função ao estilo C através da rede. Implementa a passagem, bem como o retorno de parâmetros, tanto por valor como por referência, através da utilização de marshalling [Eddon].

- **DCOM.** Modelo de objeto de componente distribuído. Protocolo da Microsoft para aceder a objectos COM localizados em computadores remotos, baseado em RPC. Fala-se de suporte em plataformas não Windows, mas, na prática, é apenas para Windows [Eddon].

- **RDS.** Serviços de dados remotos. Protocolo da Microsoft para aceder a objectos COM localizados num computador remoto . É semelhante ao DCOM, mas é baseado em HTTP. Não é tão rápido nem tão eficiente como o DCOM, mas permite comunicações através da maioria das firewalls [Lhotka].

- **Jini.** Protocolo independente de máquina da Sun, baseado em Java e orientado para objectos, sobre TCP/IP. Requer que os componentes sejam escritos em Java [Edwards].

- **SOAP.** Protocolo simples de acesso a objectos. Uma recomendação do World Wide Web Consortium (W3C) para um protocolo baseado em XML independente de plataforma que está a ser fortemente promovido pela Microsoft. Muito recente [Scribner].

- **E outros**

Utilizando a API da máquina, os dados brutos podem ser acedidos e apresentados pela aplicação remota sob qualquer forma. Ver figura 14 como exemplo.

AEM apresenta a leitura em tempo real através da Internet de um contador de água

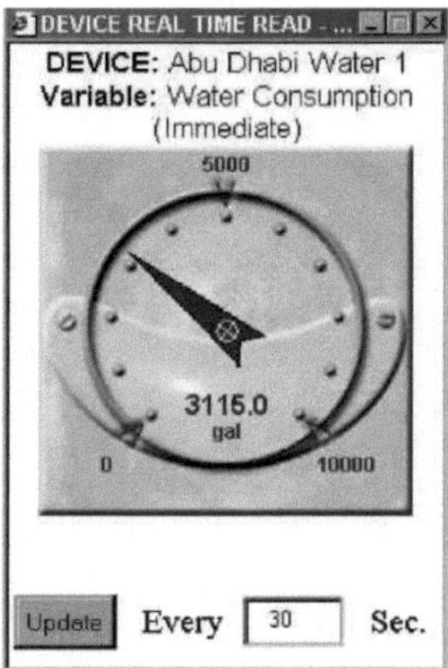

Fi gura 14.

5.4.3 Contadores de série

Os aparelhos de Internet com capacidade TCP/IP são uma tendência crescente no sector dos contadores.

No entanto, existe uma enorme base de produtos de contadores de série antigos com ligação à rede.

Estes contadores comunicam normalmente através de ligações em série RS232 (no caso de uma ligação ponto a ponto) ou através de ligações em série RS485 (no caso de uma ligação em cadeia), utilizando protocolos de rede proprietários.

Estes contadores representam frequentemente um investimento significativo e continuam a funcionar bem (um contador industrial deste tipo pode durar décadas). Os contadores Square D Circuit Monitor 2000 (CM2000) e Siemens 4300 são alguns dos contadores de série mais comuns. Ver figuras 15 e 16.

Contador de série da série CM2000 da Square D

Figura 15.

Contador de série Siemens 4300

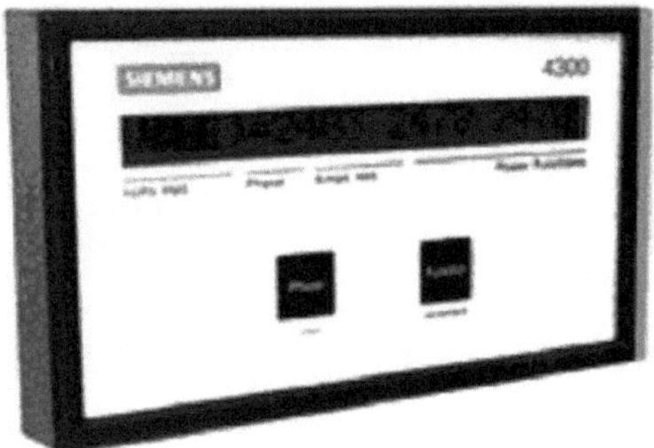

Figura 16.

Descartar estes contadores antigos em favor dos novos dispositivos baseados na Internet não é frequentemente uma solução aceitável.

Para resolver o problema, muitas empresas desenvolveram pontes de série para Ethernet. Estes dispositivos actuam como tradutores entre uma rede série e uma rede TCP/IP.

O Existem dezenas de pontes deste tipo no mercado. Um bom exemplo deste tipo de dispositivo é o

Building Server Module da Engage Networks (ver Figura 17).

Ponte de série para Ethernet da Engage Networks chamada Building Server Module

Figura 17.

Um servidor de edifício tem uma porta TCP/IP e quatro portas de série, cada uma das quais pode suportar até 128 dispositivos de série em cadeia (os dispositivos ligados à mesma porta têm de utilizar o mesmo protocolo).

Dispositivos como o Building Server podem levar a conetividade com a Internet a equipamentos que não foram originalmente concebidos para serem activados pela Internet. Isto preserva o investimento atual em equipamento de medição e acelera a adaptação de novas soluções de gestão da energia, uma vez que as empresas podem aproveitar o seu equipamento antigo no novo mundo da Internet.

5.4.4 Medidores de qualidade de energia e de leitura de impulsos

Existem dois grupos fundamentais de contadores eléctricos: Os contadores de qualidade de energia e os contadores de leitura de impulsos. É importante compreender as diferenças entre eles e saber quando é melhor utilizar contadores de cada grupo.

5.4.4.1 Medidores de leitura de impulsos

A visão de um contador de eletricidade com um disco giratório é familiar a quase toda a gente. Esse disco giratório é a causa principal de toda a classe de contadores de pulsos ou PRMs.

Nestes contadores, uma rotação do disco representa uma determinada quantidade de energia consumida - um determinado número de kWh. Quanto mais rápido o disco gira, maior é a procura nesse momento específico.

No interior do medidor existe um contador para o número de vezes que o disco rodou e, por vezes, uma medida da velocidade máxima que o disco atingiu desde a última reposição do medidor.

Antes do desenvolvimento dos contadores eléctricos, eram produzidos e instalados contadores electromecânicos baseados em discos na maioria dos locais residenciais, comerciais e industriais nos EUA para efeitos de faturação eléctrica.

Um funcionário da empresa de serviços públicos teria de visitar o local e registar o valor do contador de discos e o indicador de pico de procura. Em seguida, reiniciaria o indicador de procura e iria embora.

Este era um método fiável de registar as leituras, mas exigiria que um funcionário se deslocasse fisicamente a cada contador e deixaria tanto a empresa de serviços públicos como os seus consumidores às escuras no que diz respeito à sua utilização até à leitura seguinte.

Quando a tecnologia o permitiu, foi efectuado um pequeno melhoramento nos contadores. Foi adicionado um contacto elétrico ao disco, de modo a que, em cada volta, o contador gerasse um impulso elétrico. Esse impulso podia então ser enviado através dos fios (normalmente não muito longe) para um dispositivo de contagem.

Estes dispositivos de contagem foram os primeiros contadores de leitura de impulsos ou PRMs. Os PRMs calculavam a quantidade de energia utilizada, bem como o valor do pico de procura com base nos impulsos que recebiam.

Os PRMs modernos (por exemplo, o EPIM da Engage, ver figura 10) têm capacidade de Internet e permitem leituras instantâneas a milhares de quilómetros.

Os PRM apenas podem fornecer dados sobre a energia e a procura. Não medem a corrente, a tensão, a potência, etc.; não fornecem qualquer informação sobre a qualidade da energia. No entanto, são muito baratos e, na maioria dos casos, são suficientes para a faturação da eletricidade.

Outra vantagem dos PRMs é o facto de poderem medir literalmente qualquer coisa. Consumo de água, consumo de gás, número de pessoas que entraram numa loja, número de tabuleiros num restaurante, etc. Qualquer coisa que gere impulsos pode ser medida por um PRM.

5.4.4.2 Medidores de qualidade de energia

Por vezes, a informação fornecida pelos contadores de leitura por impulsos não é suficiente. Normalmente, isto acontece por outras razões que não a faturação eléctrica.

Nestas situações, podem ser utilizados os medidores de qualidade de energia . Estes medidores medem desde tensão trifásica, corrente e potência até harmónicos e oscilografia. O Allen Bradley PMII (figura 8), por exemplo, disponibiliza mais de dois mil valores.

O CM2000 e o Siemens 4700 (figuras 15 e 16) são também medidores de qualidade de energia que podem fornecer todos os dados imagináveis sobre a carga que estão a medir.

Os medidores de qualidade de energia são superiores em todos os aspectos aos PRM, mas não são baratos e só devem ser utilizados quando a informação adicional que fornecem é crítica.

5.5 Sistemas de gestão de energia baseados no servidor

A maioria, se não todos, os sistemas de gestão de energia baseados na Internet disponíveis no mercado são sistemas baseados em servidores.

Em termos de arquitetura, um sistema típico baseado num servidor é constituído por (ver figura 18)

- Monitorização e controlo do consumo de energia dos aparelhos electrónicos.
- Um servidor ou conjunto de servidores que monitorizam os aparelhos electrónicos e

disponibilizam os dados e a análise dos dados aos clientes.

Clientes, que são utilizados para visualizar os dados gerados pelo sistema.

Arquitetura típica de um sistema de gestão de energia baseado na Internet

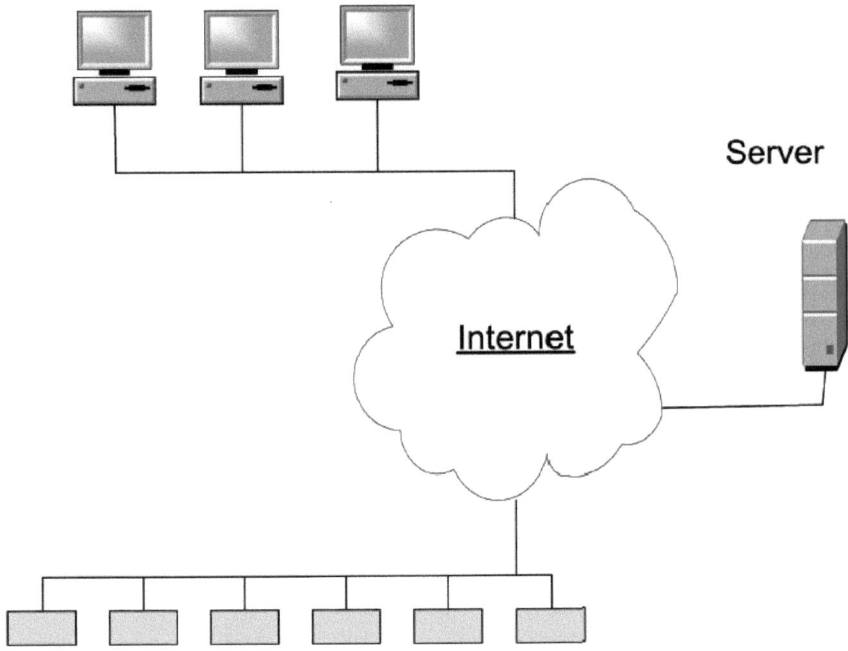

Figura 18.

Numa tal configuração, o(s) servidor(es), os aparelhos electrónicos e os clientes podem estar todos em diferentes partes do mundo.

Periodicamente, o(s) servidor(es) e os contadores (aparelhos electrónicos) comunicam. O(s) servidor(es) recolhe(m) os dados, regista(m) alguns deles e permite(m) que os clientes vejam e façam análises dos dados recolhidos.

5.5.1 Empurrar vs. Puxar

Existem dois modelos diferentes para a operação desta arquitetura: o modelo "pull" e o modelo "push".

No modelo pull, o servidor faz periodicamente pedidos aos contadores para obter os dados de que necessita. Por outras palavras, o servidor inicia sempre a comunicação. Neste modelo, o servidor deve conhecer os endereços de todos os dispositivos. Se um novo dispositivo for adicionado, ele deve ser adicionado à lista de dispositivos do servidor.

A vantagem do modelo pull é a sua relativa simplicidade de implementação - o servidor tem controlo total sobre os contadores e outros aparelhos electrónicos.

No modelo "push", os dispositivos "empurram" os dados para o servidor. Eles iniciam a comunicação. Neste modelo, a principal vantagem é a redução do esforço de administração, uma vez que o servidor não detém os endereços dos dispositivos. Em vez disso, os dispositivos sabem o endereço do servidor.

Os sistemas de modelo "push" são um pouco mais complexos de implementar, mas têm vantagens sobre o modelo "pull" para grandes sistemas distribuídos com possivelmente milhares de contadores. O servidor não precisa de ser reconfigurado sempre que um novo contador fica online ou um contador antigo fica offline.

5.5.2 Modelo ASP vs. modelo de retração

Está a ganhar força um novo modelo de negócio para a venda de software - o modelo de Application Service Provider, por oposição ao modelo clássico de "shrink-wrapped" [Microsoft]. Vejamos quais são as diferenças entre os dois e como afectam os sistemas de gestão de energia.

5.5.2.1 Modelo em película retrátil

O modelo clássico de venda de software em embalagem retrátil é bastante familiar. O utilizador vai à loja, paga dinheiro e compra uma caixa com o software lá dentro. Em seguida, instala o software no seu computador.

Geralmente, neste modelo, o utilizador paga o software de uma só vez e pode utilizá-lo para sempre.

5.5.2.2 Modelo de fornecedor de serviços de aplicações

Com o advento da Internet e do navegador Web como clientes, um outro modelo está a começar a tornar-se popular - o modelo ASP (Applicatio n Service Provider).

O modelo ASP é semelhante a uma subscrição. O utilizador subscreve um serviço durante um período de tempo, pagando regularmente pequenas prestações, nunca possuindo o software, mas comprando o acesso ao mesmo.

As vantagens do modelo ASP são que o utilizador não precisa de administrar o software. Se o utilizador não estiver satisfeito com o serviço ou com o software, pode decidir recorrer a um concorrente sem perder o investimento. Além disso, iniciar um serviço é muito menos doloroso e arriscado por razões óbvias.

Para os prestadores de serviços, este modelo também apresenta uma série de vantagens. Recebem um fluxo constante de receitas em vez de uma série irregular de grandes montantes fixos. O apoio técnico é mais fácil de administrar, uma vez que são eles próprios a alojar o software. Além disso, as vendas podem efetivamente aumentar, uma vez que a barreira de entrada para os clientes é muito mais baixa.

5.5.2.3 O modelo ASP e a gestão da energia

O modelo do fornecedor de serviços de aplicações parece adaptar-se bem às necessidades de gestão de energia. Devido ao seu custo proibitivo e aos desafios de administração, os sistemas de gestão de energia em formato reduzido só fazem sentido para instalações muito grandes.

Muitas vezes, os clientes não têm nem a experiência nem o desejo de alojar e/ou administrar o seu próprio sistema de gestão de energia. O modelo ASP dá ao cliente acesso a software avançado sem o ónus do alojamento e da administração.

Tendo em conta estas vantagens, muitas das principais empresas de gestão de energia estão a adotar o modelo ASP, reconhecendo que este tem um maior potencial de negócio.

As configurações do sistema EEM (EEM - Enterprise Energy Management System da Silicon Energy, IB) variam entre um mínimo de 65.000 dólares e mais de 1 milhão de dólares, dependendo do número de instalações e interfaces de recolha de dados que uma empresa possui. Woolard (CEO da Silicon Energy, IB) admite que muitos pequenos fabricantes terão dificuldade em justificar o custo de um sistema EEM, mas a Silicon Energy espera que um serviço de alojamento de aplicações para o Enerscape, previsto para este outono, torne o sistema viável para as empresas mais pequenas [Manufacturing Systems].

No modelo ASP, o cliente aloja contadores de energia com acesso à Internet, que são lidos através da Internet pela aplicação de gestão de energia alojada. O cliente acede então aos seus dados no servidor alojado através da Internet (ver figura 19).

Sistema de gestão de energia ASP baseado na Internet

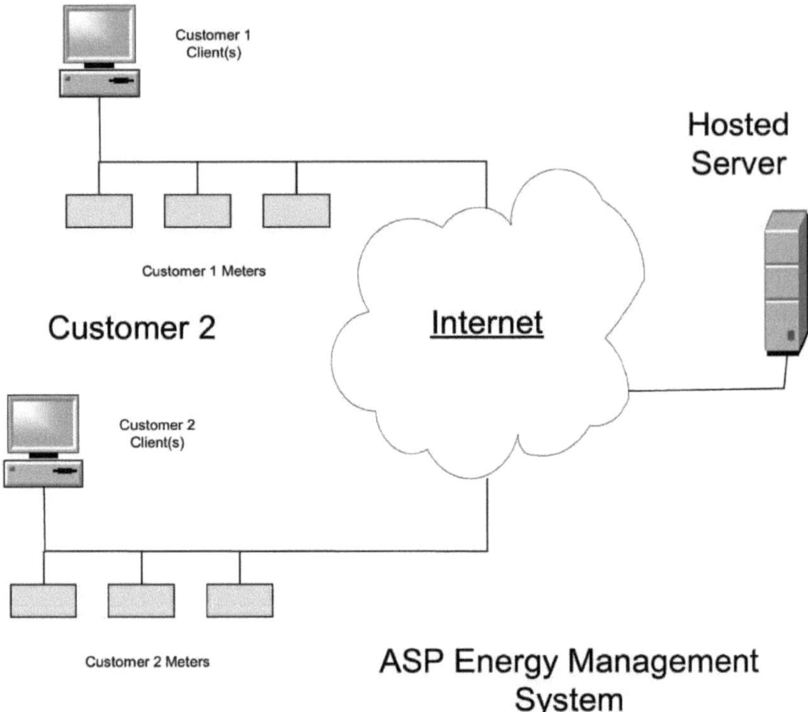

Figura 19.

Para além das muitas vantagens já discutidas, esta configuração apresenta muitos desafios para o software:

Agora, em vez de dezenas de metros, o software tem de suportar milhares.

- Em vez de um punhado de utilizadores simultâneos, o software tem de suportar centenas deles.
- São necessários novos níveis de gestão de utilizadores, que permitam ao cliente ver apenas os seus contadores (em vez de ver tudo).
- É necessário um novo nível de segurança para evitar que informações vitais sejam roubadas ou distorcidas.

Muitas empresas de serviços públicos estão agora a tentar associar soluções de gestão de energia baseadas na Internet à energia que vendem. Isto diferencia o seu produto no mercado e fornece um serviço de valor acrescentado que pode gerar receitas significativas.

Um exemplo disso seria a Duke Energy (a segunda maior empresa de serviços públicos dos EUA), que está a oferecer uma versão modificada do AEM da Engage Networks, Inc aos seus clientes no modo ASP.

É importante compreender que, apesar de todas as vantagens que o ASP pode trazer em termos comerciais, é apenas um modelo de negócio para a distribuição de software baseado na Internet. A maioria, se não todos os benefícios que o modelo ASP traz, podem ser alcançados sem ele. A maior parte das técnicas que funcionam com um sistema de gestão de energia ASP funcionará com um sistema de gestão de energia em formato de retração.

No entanto, o fornecimento de software de gestão de energia utilizando o modelo de negócio ASP cria toda uma nova infraestrutura para as empresas que optam por alojar esses serviços. Uma vez criada, essa infraestrutura pode ser aproveitada de muitas formas não relacionadas com a forma como o software é vendido. É por isso que é importante compreender como funciona o ASP e como se enquadra no sector da gestão de energia.

5.6 Sistemas no mercado

Existem vários sistemas de gestão de energia no mercado. Alguns dos mais importantes são:

- Sistema **de gestão ativa de energia (AEM)** da Engage Networks, Inc
- **RSEnergy** da Rockwell Automation, Inc
- Sistema **de gestão de energia empresarial (EEM)** da Silicon Energy, Inc [Silicon Energy]
- **PLT Energy Managemnt** by Norweb, Inc [Ticino]

Capítulo 6. Monitorização da energia

Agora que já vimos como funcionam os diferentes sistemas de gestão de energia baseados na Internet, vamos ver o que podem fazer por si.

A gestão informatizada da energia tem duas componentes: monitorização e controlo. Vejamos mais de perto a monitorização.

6.1 Conhecimento é poder

Surpreendentemente, a maioria dos gestores de energia não faz ideia de como está a utilizar a sua eletricidade. Não sabem se o seu perfil de procura é plano ou se tem picos. Mesmo que saibam que o seu perfil de procura tem picos, normalmente só conseguem adivinhar a origem desses picos.

A razão para esta situação não é o desconhecimento. As ferramentas que permitem um controlo rigoroso do consumo de energia só surgiram há relativamente pouco tempo.

A compreensão pura e simples da dinâmica do consumo de eletricidade é a utilização mais básica dos sistemas de gestão da energia. No entanto, , mesmo essa abordagem básica pode produzir resultados significativos.

Com um simples conhecimento do perfil de procura de uma instalação, os gestores de energia podem poupar bastante dinheiro. Por exemplo, podem reprogramar um processo que consome energia para horas fora do pico, ou podem procurar um bom plano de tarifas (assumindo que o seu estado foi desregulamentado) com base no seu conhecimento do perfil da procura.

A monitorização pode também permitir o isolamento de operações dispendiosas (do ponto de vista energético) e a implementação de uma ação corretiva.

Um bom exemplo ocorreu no hotel Hyatt Regency, no centro de Chicago:

Em 1999, o Hyatt tinha acabado de adquirir e instalar o sistema AEM da Engage Networks. Na primeira semana, conseguiram isolar "uma operação dispendiosa".

Os arrumadores de carros, que ficavam à porta do hotel, utilizavam aquecedores eléctricos durante os meses de inverno. Verificou-se que estes aquecedores custavam ao Hyatt cerca de 4.000 dólares por mês!

A gerência distribuiu roupas quentes aos arrumadores e ordenou que os aquecedores fossem desligados.

Pouco tempo depois, a gerência do hotel contactou a Engage, relatando um problema com o sistema. Afirmaram que, depois de os aquecedores terem sido desligados, os valores de pico de procura mostraram poucas alterações.

Após uma breve investigação, a Engage e o Hyatt descobriram que os arrumadores continuaram a utilizar os aquecedores apesar da ordem.

Sem entrar numa discussão sobre as qualidades éticas da gestão do H yatt, vejamos o resultado final: só com a monitorização, o Hyatt poupa agora cerca de $20.000 / ano ($4.000 * 5 = $20000 assumindo 5 meses frios em Chicago). Só isto pagou o software AEM e a sua instalação.

6.2 Corte manual de carga

Uma outra técnica de controlo que permite realizar economias substanciais é o corte de carga. Existem dois tipos de corte de carga: manual e automático. O corte automático de carga será abordado no próximo capítulo.

O corte manual de carga é uma técnica de gestão de energia que pode diminuir significativamente o valor do pico de procura. A ideia é simples: desligar cargas não críticas se o valor da procura ultrapassar um determinado limiar.

O valor limite pode ser determinado através da análise do perfil histórico da procura. Os sistemas de gestão de energia (AEM e RSEnergy, por exemplo) permitem normalmente a configuração de alarmes por pager e/ou correio eletrónico.

Desligar uma carga não crítica várias vezes por mês pode ser um pequeno preço a pagar, tendo em conta as potenciais poupanças que pode gerar.

6.3 Corte manual

As instalações que dispõem de sistemas de gestão de energia instalados podem aplicar e, portanto, tirar partido das ofertas de redução dos serviços de utilidade pública (para mais pormenores sobre a redução, ver secção 4.2.5.3).

A redução pode ser aplicada através de cortes manuais de carga e pode proporcionar poupanças significativas através de preços de energia mais baixos ou de outros incentivos.

6.4 Faturação à sombra

A faturação fictícia permite gerar extractos de faturação que imitam as facturas provenientes da empresa de eletricidade.

Alguns dos sistemas de gestão de energia mais avançados do mercado têm a capacidade de configurar planos tarifários. A Figura 20 mostra um ecrã do RSEnergy que configura um único encargo no plano tarifário. Este encargo aparece na fatura apresentada na Figura 21 (encargo #6).

Ecrã de configuração da carga RSEnergy

Charge Configuration - Microsoft Internet Explorer

Charge Configuration

Charge Name:	Demand charge (summer, first 10000 kW)	Totalize	Pro-Rate
Since	02/01/1998	Until	N/A
A	Maximum Real Demand Peak (kW)		
B	Not Used		
C	Not Used		
D	Not Used		
E	Not Used		
Condition	A <= 10000	Season	B
Charge	A	Units	kW
Dollar rate per unit			16.41

Cancel OK

Figura 20.

Estes planos de tarifas podem então ser comparados com os dados históricos registados no servidor para produzir contas sombra mensais ou diárias (ver figura 21).

Relatório diário do motor de faturação RSEnergy

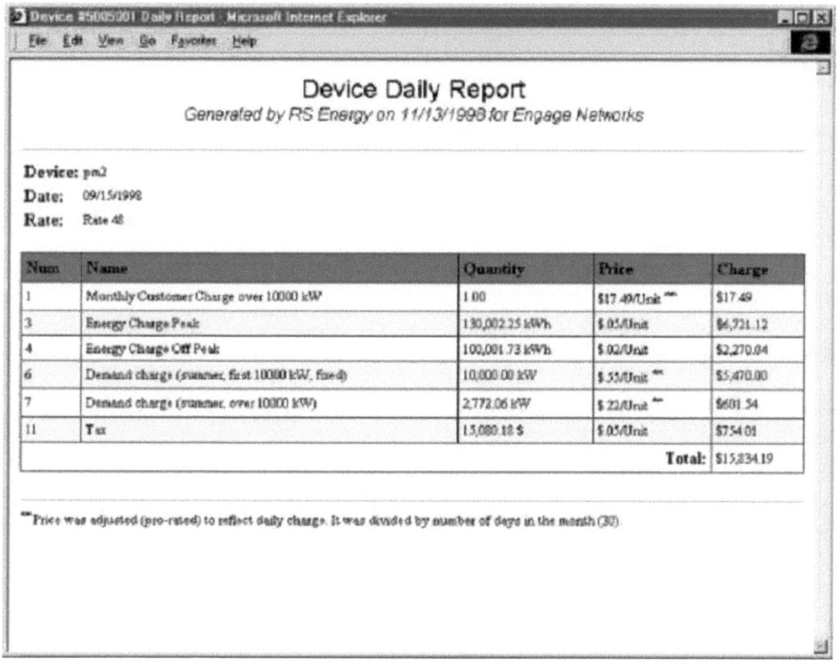

Device #5005001 Daily Report - Microsoft Internet Explorer

File Edit View Go Favorites Help

Device Daily Report

Generated by RS Energy on 11/13/1998 for Engage Networks

Device: pm2

Date: 09/15/1998

Rate: Rate 48

Num	Name	Quantity	Price	Charge
1	Monthly Customer Charge over 10000 kW	1.00	$17.49/Unit **	$17.49
3	Energy Charge Peak	130,002.25 kWh	$.05/Unit	$6,721.12
4	Energy Charge Off Peak	100,001.73 kWh	$.02/Unit	$2,270.04
6	Demand charge (summer, first 10000 kW, fixed)	10,000.00 kW	$.55/Unit **	$5,470.00
7	Demand charge (summer, over 10000 kW)	2,772.06 kW	$.22/Unit **	$601.54
11	Tax	15,080.18 $	$.05/Unit	$754.01
			Total:	$15,834.19

**Price was adjusted (pro-rated) to reflect daily charge. It was divided by number of days in the month (30).

Figura 21.

As contas sombra podem ser utilizadas para estimar o custo da fatura eléctrica real. Estes relatórios podem também ajudar a identificar os dias em que se registaram picos de consumo e os prejuízos monetários causados por esses picos. Essa informação, por sua vez, pode ajudar a identificar áreas problemáticas e a tomar medidas corretivas.

6.4.1 A análise "e se"

As aplicações dos relatórios de faturação que acabámos de discutir são válidas e muito úteis, mas muito mais útil é a sua capacidade de executar a análise "e se".

A análise "e se" é o método definitivo que ajuda a escolher o melhor plano tarifário disponível para uma determinada empresa.

Como vimos no Capítulo 4, os planos tarifários podem ser bastante complexos. Mesmo com um bom conhecimento do perfil da procura, é por vezes difícil escolher o plano menos dispendioso. No entanto, com a capacidade de gerar facturas-sombra, é possível configurar vários planos tarifários que estão a ser considerados e compará-los com os dados históricos dos meses anteriores, para produzir valores reais em dólares.

Estas análises "e se" ("e se eu tivesse este plano tarifário no mês passado?") permitem a comparação de diversos planos tarifários como maçãs com maçãs, uma vez que produzem resultados em dólares que podem ser objetivamente comparados.

Como já foi referido, para uma grande instalação industrial ou comercial, a seleção do melhor plano tarifário pode poupar dezenas de milhares de dólares por mês. Em dois ou três meses, só esta caraterística pagaria a instalação de um sistema de gestão de energia.

6.5 O poder da agregação

O conceito de agregação é uma das pedras angulares da gestão eficaz da energia. Compreender os efeitos da agregação de cargas é provavelmente uma das coisas mais importantes e valiosas que um gestor de energia pode aprender.

Como se viu no Capítulo 4, os encargos de procura contribuem com cerca de 40% da fatura eléctrica e baseiam-se na procura de ponta - o valor máximo da procura durante o período de faturação.

É fácil ver isso:

A soma dos picos de procura de duas cargas é sempre maior ou igual ao pico de procura da soma de duas cargas.

Isto acontece porque os picos de duas cargas independentes quase nunca ocorrem ao mesmo tempo.

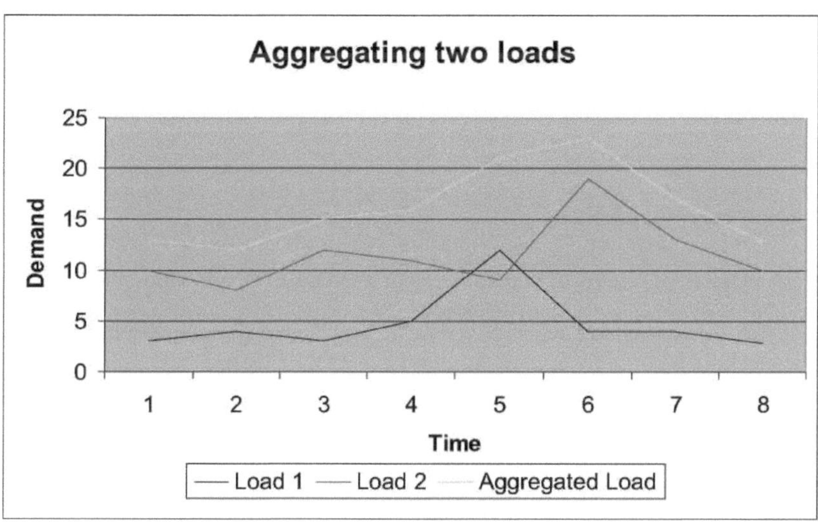

Figura 22.

A Figura 22 é um exemplo hipotético em que a procura de ponta para a carga 1 seria 12 e a procura de ponta para a carga 2 seria 19.

A soma desses dois valores produz a soma das demandas de pico igual a 31 (19+12).

No entanto, é fácil ver que o pico de procura da carga agregada é apenas 23, porque os picos das cargas um e dois ocorreram em momentos diferentes no tempo.

Em termos práticos, significa que se dois edifícios puderem ser facturados separadamente ou em conjunto utilizando o mesmo plano tarifário, a fatura "conjunta" será inferior (por vezes de forma bastante significativa) à soma das facturas separadas. A fatura agregada também poderia ser igual à soma das facturas separadas, mas isso é altamente improvável, uma vez que a probabilidade de várias cargas terem picos sincronizados é bastante pequena.

Esta regra é válida dado o facto de as tarifas de procura típicas serem lineares em relação à variável Pico de Procura. Em teoria, seria possível criar um plano tarifário não linear que produzisse uma fatura agregada maior do que a soma das facturas separadas s. No entanto, isto praticamente nunca acontece na vida real.

A agregação é, desde então, o melhor amigo do gestor de energia:

A agregação de cargas reduz o perfil da procura.

E é isso que todos os gestores de energia devem tentar fazer com a sua carga - nivelar o seu perfil de procura.

6.5.1 Cargas correspondentes

É óbvio que alguns tipos de cargas se prestam melhor à agregação do que outros. Por exemplo, uma fábrica que trabalhe no terceiro turno pode agregar-se bem a outra fábrica que trabalhe no primeiro turno, porque os seus picos tendem a estar longe uns dos outros em termos de tempo.

Outros exemplos de cargas coincidentes são as zonas residenciais e comerciais: uma tende a atingir o pico durante a manhã, outra - durante as horas nocturnas.

No entanto, apesar de algumas cargas se agregarem melhor do que outras, ***nunca é demais agregar, independentemente das cargas.***

Estatisticamente, quanto mais cargas agregar, mais plano será o perfil de procura resultante. Se tivesse um número infinito de cargas para agregar, o perfil de procura resultante seria completamente plano.

6.5.2 Agregação virtual

Muitas vezes, as empresas têm várias instalações que são facturadas pela mesma empresa de serviços públicos com o mesmo plano tarifário. Por exemplo, a Ford Motors tem várias fábricas no Illinois. Devido à dispersão geográfica destas instalações (podem estar a centenas de quilómetros umas das outras), não é possível medir diretamente a "carga principal agregada".

De facto, estas instalações podem estar a receber energia de centrais eléctricas diferentes. Consequentemente, estão a ser facturadas como entidades separadas, o que aumenta significativamente as suas despesas totais com energia.

No entanto, as coisas já não têm de ser assim.

Utilizando o poder da Internet e dos sistemas de gestão de energia baseados na Internet, é possível *agregar virtualmente* cargas fisicamente dispersas de uma forma económica e atempada. Ou seja, criar uma carga virtual que represente a agregação das cargas dessas instalações remotas.

A agregação virtual era possível mesmo antes da Internet, mas era sempre proibitivamente complexa e dispendiosa. Em última análise, nunca foi amplamente utilizada devido a estes factores de dissuasão.

Como vimos anteriormente, a faturação dessa carga em vez de faturar cada subcarga separadamente pode gerar poupanças significativas.

Um grande cliente (num mundo desregulamentado) munido de tal informação terá uma enorme vantagem na negociação de um plano tarifário com a sua empresa de serviços públicos. Mesmo que a empresa de serviços públicos não concorde em faturar com base na informação fornecida pelo sistema de gestão de energia, terá de reconhecer que está a cobrar demasiado pela procura e compensá-la.

6.6 Afetação de custos e subfacturação

A agregação pode proporcionar uma orçamentação exacta para uma instalação industrial e pode criar um centro de lucro real para um edifício comercial com muitos inquilinos. Como? Através da atribuição de custos e da subfacturação.

6.6.1 Afetação de custos

Na indústria transformadora, é importante compreender quanto custa cada operação de produção. Estes custos incluem normalmente o custo das matérias-primas, a amortização do equipamento, os salários e a energia.

No entanto, até há pouco tempo, os custos energéticos eram muito difíceis de calcular e, por conseguinte, eram utilizadas aproximações.

Utilizando um sistema de gestão de energia com um motor de faturação, é possível calcular com exatidão os custos de energia para uma operação de fabrico, permitindo assim calcular o custo exato dessa operação de fabrico.

Isto pode ser muito valioso para efeitos de orçamentação, bem como para a tomada de decisões sobre a rentabilidade de certos processos de fabrico. Para alguns tipos de fabrico, os custos de energia podem constituir uma percentagem significativa do custo global de uma operação de produção.

6.6.2 Subfacturação

Nos grandes edifícios comerciais, os inquilinos são frequentemente facturados com base na metragem quadrada da área que estão a arrendar. Por outras palavras, o senhorio recebe a fatura e divide-a de acordo com a metragem quadrada que cada inquilino está a ocupar.

Escusado será dizer que isto pode ser muito injusto para alguns inquilinos, uma vez que a ocupação de um grande espaço não se traduz necessariamente num grande consumo de energia.

Por outro lado, alguém que ocupe relativamente pouco espaço, mas que tenha uma atividade que consuma muita energia, pode acabar por pagar pouco pela energia à custa dos outros inquilinos.

Com um sistema de gestão de energia implementado, este problema pode ser resolvido através da mesma técnica que é utilizada na afetação de custos.

Curiosamente, o senhorio pode tornar-se um grossista de energia, uma vez que a sua fatura para todo o edifício será menor ou igual à soma das subfacturas que gera para os seus inquilinos devido à agregação. O proprietário pode optar por não transferir as poupanças para os inquilinos, o que pode criar um centro de lucro. Para uma grande instalação comercial, isto pode significar uma receita adicional significativa proveniente de uma nova fonte.

Note-se que alguns estados têm leis que impedem os senhorios de ganhar dinheiro com a revenda de energia aos seus inquilinos.

6.7 Negociação de futuros

Como já foi referido, as empresas de eletricidade podem diferenciar o seu produto e encontrar uma nova fonte de receitas oferecendo sistemas de gestão de energia aos seus clientes através de um modelo ASP.

Para além dos benefícios acima mencionados, existe outro benefício significativo. Um sistema de gestão de energia ASP forneceria à própria empresa de serviços públicos informações valiosas sobre os padrões de utilização de energia dos seus clientes.

Esta informação pode então ser utilizada para prever cargas utilizando técnicas de Inteligência Artificial como as Redes Neuronais. Uma empresa de serviços públicos que controle uma parte significativa do mercado da energia nos EUA (Duke Energy ou Enron, por exemplo) poderia então prever com um elevado nível de certeza a procura de energia do seu segmento de mercado.

Esta informação pode proporcionar uma vantagem significativa na negociação de futuros de energia (ver capítulo 3.4.1), criando assim um centro de lucro adicional através da negociação no mercado de futuros.

Existem outras utilizações para as previsões de consumo de energia:

- Escolher a melhor altura para a manutenção do equipamento utilitário.

- Seleção eficiente dos períodos de tempo de utilização (ver secção 4.2.7.2 para mais informações sobre os períodos TOU).

- Identificação de cargas correspondentes e marketing especial para esses tipos de clientes.

Etc, etc.

6.8 Negócios re ports

As tecnologias de monitorização podem dar uma nova dimensão aos relatórios empresariais, permitindo a elaboração de relatórios complexos que ajudam a identificar a dependência do custo da energia em relação a outros factores ou a incentivar uma utilização eficiente da energia pelas sucursais.

Utilizando medidores de leitura de impulsos, é possível medir qualquer coisa, desde o número de tabuleiros num restaurante até ao número de carros que passam por um ponto numa estrada. Um sistema de gestão de energia pode medir estes valores e criar relatórios que os associem ao custo da energia.

Por exemplo, os grandes armazéns Kohl's - um dos maiores utilizadores do sistema de Gestão Energética Ativa (AEM) da Engage Networks - atribui bónus aos gestores de energia das lojas que têm o menor custo de energia por metro quadrado da loja. A Kohl's não seria capaz de o fazer sem um sistema como o AEM.

Os sistemas de gestão de energia, com os seus sofisticados motores de elaboração de relatórios e medidores de leitura de impulsos, podem medir coisas como a energia gasta por cliente servido num restaurante McDonald's (a propósito, outro utilizador de AEM), bem como muitas outras coisas que costumavam ser impossíveis de medir com precisão.

Capítulo 7. Controlo

Todas as técnicas que discutimos no capítulo anterior ajudam as pessoas a tomar decisões inteligentes de gestão de energia. Todas elas exigem acções da pessoa responsável - por exemplo, no cenário de corte de carga, desligar uma caldeira, quando o sistema o solicita.

Os sistemas modernos de gestão da energia podem, em muitos casos, ser configurados para tomar estas decisões por si próprios e controlar o equipamento de consumo ou produção de energia sem interação humana.

Existe uma série de técnicas que tiram partido destas capacidades dos sistemas de gestão de energia. Estas técnicas devem ser exercidas com cuidado, uma vez que podem causar resultados desastrosos se não forem utilizadas corretamente.

7.1 Corte de carga automatizado

A primeira coisa que nos vem à mente é automatizar a redução de carga. Há uma série de dispositivos da Internet que têm entradas e saídas analógicas. Por exemplo, o EPIM da Engage Networks tem 6 entradas analógicas e 6 saídas analógicas.

Os sistemas de gestão de energia podem acionar uma definição ou uma reposição de uma saída analógica através de outro evento (por exemplo, a procura atingir um determinado limiar). Isto pode ligar ou desligar outro equipamento.

7.2 Redução automatizada de picos de consumo

Embora a redução automática da carga pareça boa no papel, na vida real há muito poucas coisas que possam ser ligadas ou desligadas arbitrária e automaticamente. Poucos processos de fabrico podem dar-se ao luxo de desligar o seu equipamento numa altura aleatória.

Uma forma alternativa de restringir a procura é utilizar um gerador ou uma bateria para "cortar os picos". Neste tipo de configuração, é definido um acionador para disparar se a procura exceder um determinado limiar. Isto ligaria um gerador elétrico ou uma bateria até que a procura voltasse a um nível normal. Muitas vezes, esses geradores ou baterias já existem para fins de reserva e, por conseguinte, podem ser utilizados nos bastidores para reduzir a fatura energética.

Existem vários produtos novos (baterias e pequenos geradores) no mercado especificamente para este fim. Estes dispositivos têm capacidade de ligação à Internet e podem ser controlados remotamente logo a partir da caixa.

Alguns produtos mais notáveis são o microgerador de turbina da Allied Signals (subdivisão da Honeywell) (ver figura 23) e as baterias produzidas pela ZBB, Inc.

Gerador de microturbina da Allied Signal

Figura 23.

7.3 Mudança automática de fonte de energia

Esta abordagem pode ser levada ainda mais longe, em que o sistema obtém da Internet os preços em tempo real da energia eléctrica e do gás natural e toma decisões inteligentes sobre qual a fonte de energia mais económica a utilizar no momento. Com base nessa decisão, esse sistema poderia ligar e desligar os geradores, poupando potencialmente dinheiro.

Tecnicamente, isto está ao nosso alcance, mas, tanto quanto sei, ainda não foi implementado.

7.4 Otimizar a compra de energia - fechar o ciclo

A otimização da compra de energia poderia resultar em poupanças significativas [Novem]. Uma forma de o fazer seria (idealmente) automatizar a compra de energia em tempo real através da Internet. Um sistema com uma previsão do seu perfil de procura futura poderia ligar-se ao mercado em tempo real e comprar energia eléctrica de forma eficiente (uma vez que sabe exatamente o que precisa).

Essa compra poderia ser completamente transparente para o utilizador e, potencialmente, poderia constituir um sistema de circuito fechado no qual a aplicação de gestão de energia

Efetuar cortes automáticos de carga e de picos de consumo

- Comprar energia ao melhor preço

- Concluir o pagamento utilizando um método de pagamento eletrónico (como um cartão de crédito, por exemplo)

Idealmente, numa configuração deste tipo, a única tarefa que restaria ao gestor de energia seria configurar o sistema e monitorizar o seu desempenho.

7.5 Manutenção inteligente para geradores e baterias

Os sistemas de gestão de energia que controlam os geradores e as baterias têm acesso em tempo real a informações sobre o seu desempenho. Utilizando técnicas de lógica difusa, seria possível conseguir um tempo de inatividade quase nulo para estes dispositivos através de uma monitorização rigorosa dos parâmetros-chave e da obrigatoriedade de manutenção preventiva.

A Engage Networks criou um protótipo de um sistema deste tipo para ser utilizado com os microgeradores de turbinas da Allied Signal.

7.6 Serviços públicos distribuídos

Com os sistemas de gestão de energia A SP instalados, seria muito fácil para as empresas de serviços públicos distribuir algumas das suas capacidades de produção pelas instalações dos seus clientes, a fim de diminuir os custos das linhas de transmissão.

Milhares de geradores colocados diretamente no local do cliente podem ser controlados através da rede pelos serviços públicos, quer para reduzir a procura desse cliente específico, quer para contribuir para a rede.

Capítulo 8. RSEnergia

Agora que já analisámos os sistemas de gestão de energia baseados na Internet em geral, vamos analisar um sistema em maior detalhe - o RSEnergy versão 1.0 da Rockwell Software.

O RSEnergy é um produto de software que foi desenvolvido principalmente pelo autor para a Rockwell Software no decurso do meu emprego na Engage Networks, Inc. Este produto envolveu muita dor, suor e lágrimas e orgulho-me do sucesso do RSEnergy no mercado.

Este capítulo pode exigir algum nível de compreensão das metodologias e arquitecturas de software. Pode também ser necessária uma familiaridade com a arquitetura padrão do Windows DNA . Poderá ser difícil de compreender para um leitor não técnico.

7.7 Visão geral

O servidor RSEnergy combina ferramentas de comunicação de dados, software cliente-servidor e tecnologia Web avançada para permitir aos utilizadores uma gestão eficiente e eficaz da energia. Um servidor RSEnergy instalado permite que os clientes visualizem informações de energia da instalação usando um navegador da Web padrão [Rockwell Software].

A versão 1.0 do RSEnergy (ver figura 24) é uma solução de gestão de energia concebida para satisfazer as necessidades de uma instalação industrial ou comercial de grande escala.

O RSEnergy é vendido pela Rockwell Software (http://www.rockwellsoftware.com/rsenergy). Trata-se de uma versão modificada e com a marca do sistema Active Energy Management da Engage Networks, Inc (http://www.engagenet.com).

O RSEnergy foi desenvolvido para a Rockwell pela Engage e foi lançado no verão de 1999. No outono de 1999, era o terceiro produto mais vendido da Rockwell Software.

RSEnergy da Rockwell Software

Figura 24.

O RSEnergy é relativamente fácil de instalar e configurar e está bem documentado. Também está disponível ajuda online sensível ao contexto.

Pode suportar comunicações com um máximo de 255 contadores através de LAN ou WAN. Qualquer informação proveniente destes medidores pode ser registada na base de dados durante períodos predefinidos (normalmente 15 minutos) e visualizada em tempo real a grande distância (ver figuras 25 e 26).

Leitura de dados em tempo real de um PMII utilizando RSEnergy

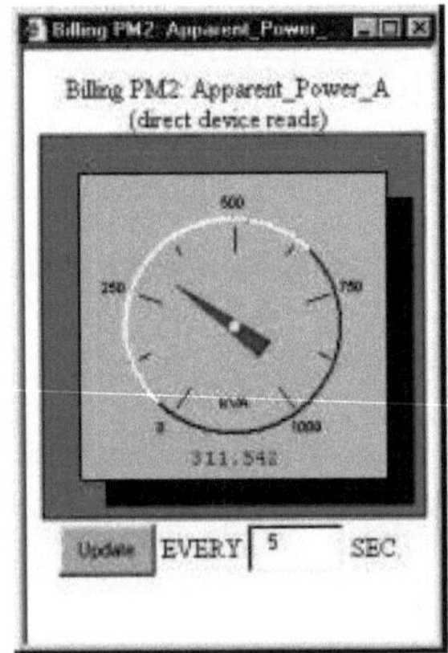

Figura 25.

Visualizar dados registados para um PMII utilizando o RSEnergy

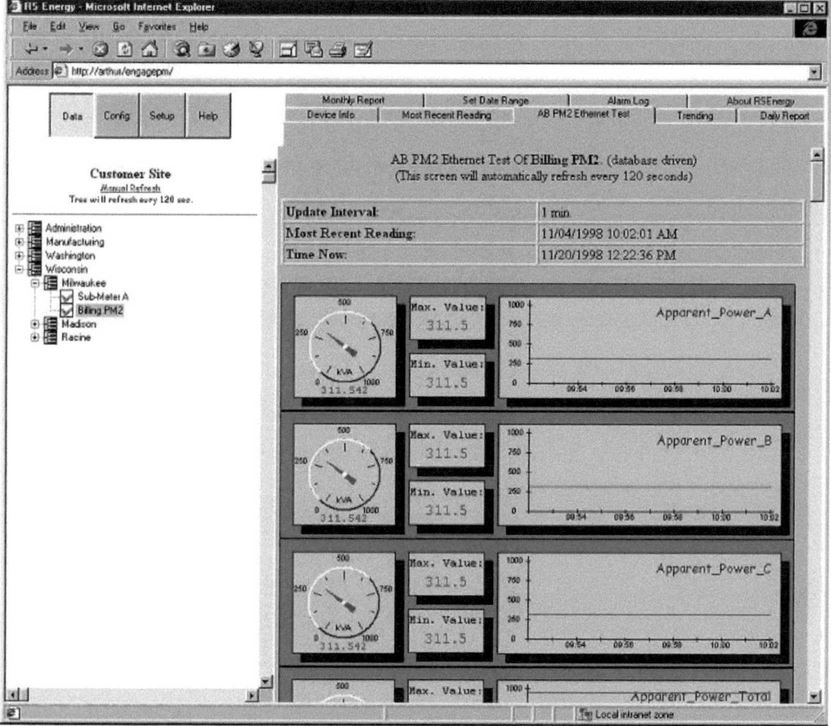

Figura 26.

O RSEnergy suporta contadores de água, gás e eletricidade dos tipos PRM e Power Quality .

O RSEnergy tem vários níveis de permissões: de um administrador a um utilizador normal, permitindo a gestão do acesso ao sistema.

O RSEnergy tem a capacidade de agregar virtualmente cargas. Uma vez definida uma agregação, esta pode ser tratada como uma carga normal e ser registada e analisada como informação proveniente de um contador real.

O RSEnergy tem ferramentas sofisticadas para analisar a informação registada na base de dados, incluindo um poderoso motor de faturação que tem tudo o que é necessário para comparações e análises de taxas de energia (ver figura 21).

O RSEnergy possui uma poderosa funcionalidade de alarme que permite definir limiares para cargas regulares e agregadas, bem como para fórmulas matemáticas - as funções destas variáveis de carga.

Um alarme pode acionar uma notificação por pager e/ou correio eletrónico para o pessoal apropriado. Também pode ser configurado para ligar ou desligar dispositivos externos (utilizando as saídas analógicas do EPIM) para funcionalidades de redução de picos e de corte de carga (ver figura 27.).

Ecrã "Reconhecimento de alarmes" do RSEnergy

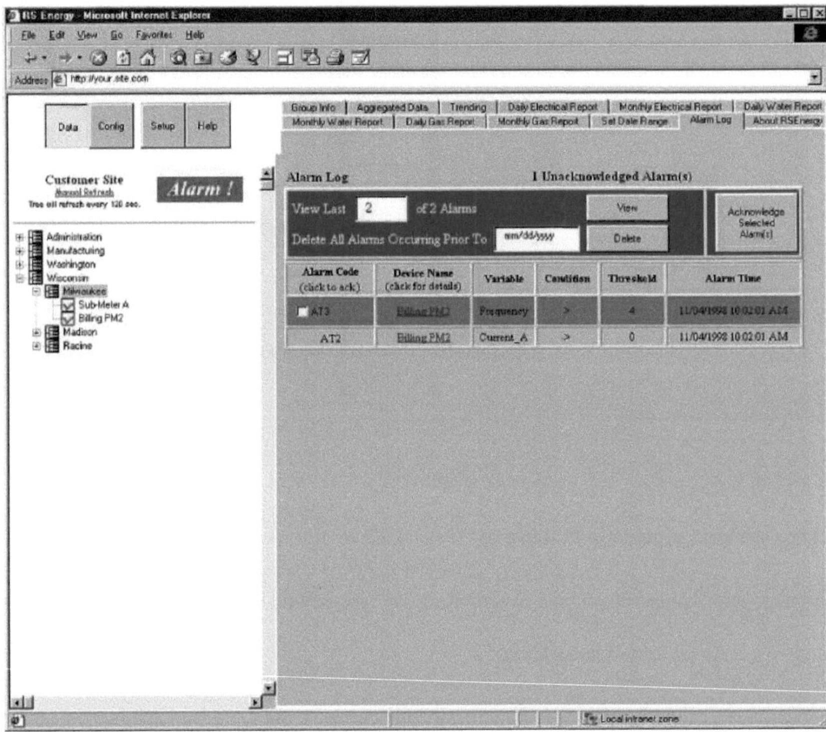

Figura 27.

O RSEnergy possui poderosas ferramentas de purga para limpar informações antigas registadas na base de dados. O RSEnergy tem suporte nativo para dispositivos Allen Bradley e Engage Networks, mas pode ser atualizado para adicionar suporte para contadores Square D, General Electric e Siemens.

7.8 Arquitetura

O RSEnergy é um sistema típico de 3 camadas Microsoft DNA (Distributed iNternetrorking Architecture). O RSEnergy utiliza o Internet Explorer como cliente e o Microsoft BackOffice como servidor.

O RSEnergy tira partido dos seguintes componentes do BackOffice:

- Windows NT (sistema operativo)
- SQL Server (base de dados)
- Servidor de Informação Internet (servidor Web front-end)
- Servidor SMTP (servidor de correio eletrónico)

A arquitetura do RSEnergy é mostrada na Figura 28. O RSEnergy tem algumas diferenças em relação à arquitetura padrão do Windows DNA na área do software de comunicação back end.

Arquitetura geral da solução RSEnergy

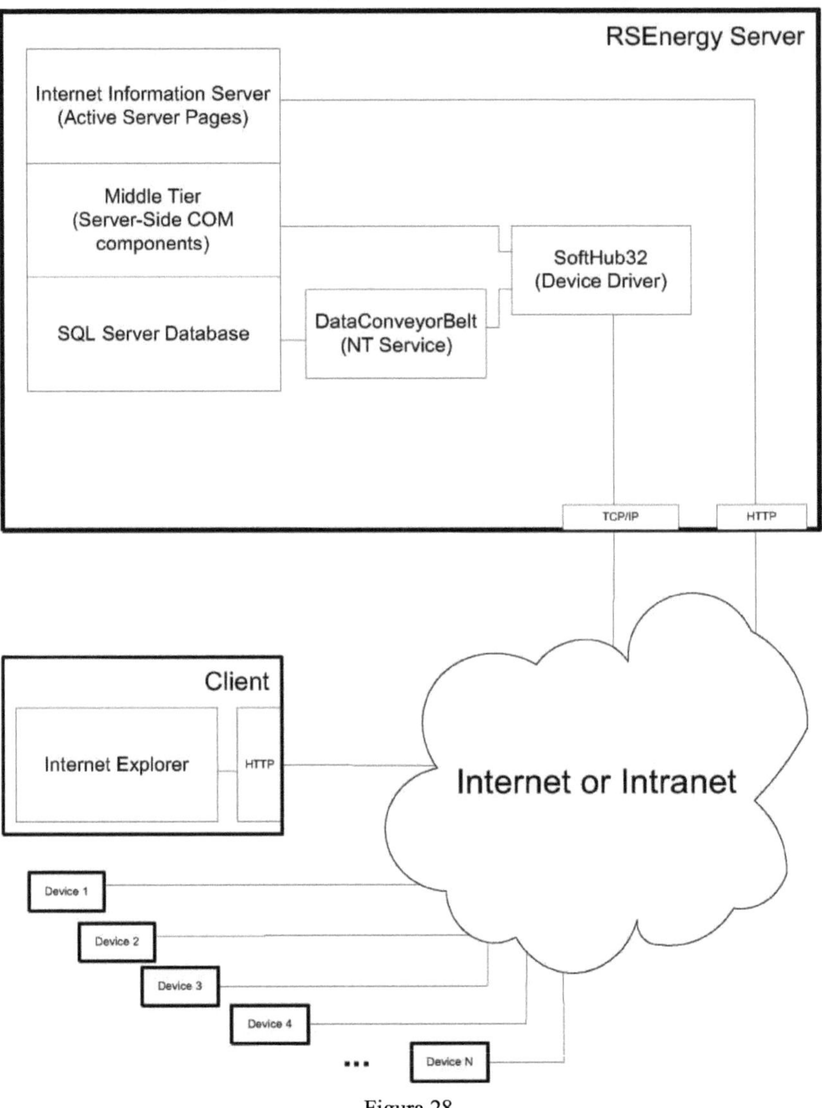

Figura 28.

8.2.1 Back-end

O back end é constituído por software de comunicação que permite comunicar com dispositivos remotos (contadores eléctricos, por exemplo) através da Internet ou de uma intranet.

O RSEnergy comunica com contadores e outros dispositivos utilizando um controlador de rede (parte do RSEnergy) chamado SoftHub32. O SoftHub32 é implementado como um serviço NT com uma interface de pipe nomeada.

O SoftHub32 é utilizado pelo DataConveyorBelt, que é o programa de serviço de registo. O DataConveyorBelt lê as informações de configuração da base de dados (o que registar, com que frequência, a partir de que dispositivos, etc.) e procede à leitura dos dados dos dispositivos de rede e ao seu registo na base de dados SQL Server.

O SoftHub32 é também utilizado por um dos componentes COM no nível intermédio. Esse componente pode ser chamado a partir das Active Server Pages para efetuar leituras diretas dos contadores em tempo real.

8.2.2 Nível médio

A camada intermédia é constituída por uma série de componentes COM escritos em C++ e VB que executam várias funções de lógica empresarial.

As funções do nível intermédio são:

- Para encapsular alguma da lógica comercial mais complexa num ambiente orientado para objectos ironment.

- Para permitir o acesso direto do front end à rede (para leituras instantâneas de contadores, por exemplo, ver Figura 25)

- Proporcionar um acesso optimizado à base de dados a partir do front end.

8.2.3 Extremidade dianteira

O front end determina a forma como a informação é apresentada ao utilizador. Pode obter as informações a apresentar diretamente da base de dados ou através do nível intermédio.

O front end é implementado utilizando páginas do Active Server no Internet Information Server. Utiliza alguns componentes ActiveX assinados do lado do cliente para melhorar a experiência do utilizador.

8.2.4 Base de dados

As informações registadas, bem como as informações de configuração do sistema, são armazenadas na base de dados do SQL Server. A base de dados está fortemente indexada para acelerar as consultas.

8.3 Áreas de potencial melhoria

Atualmente, o RSEnergy é um dos melhores sistemas de gestão de energia disponíveis no mercado. No entanto, isso não significa que seja um sistema perfeito. Existem várias áreas que podem ser melhoradas.

8.3.1 Escalabilidade

Uma das áreas que definitivamente precisa de atenção é a escalabilidade. Atualmente, o RSEnergy é mais do que adequado para servir uma grande instalação com várias dezenas de contadores. Foi concebido para esse fim. No entanto, agora que o modelo ASP está a ganhar força, o RSEnergy não tem a funcionalidade e o desempenho necessários para satisfazer o modelo ASP.

8.3.1.1 Segurança e permissões

A RSEnergy não dispõe de um sistema de utilizador suficientemente seguro e potente para suportar vários clientes que utilizam o mesmo servidor físico.

Esse sistema deve ter a capacidade de especificar o acesso separado aos contadores, grupos agregados de contadores, alarmes, planos tarifários, etc., por grupos de utilizadores. Dentro desses grupos, deve haver pessoas com diferentes níveis de acesso: administradores, utilizadores avançados, utilizadores, etc.

8.3.1.2 Arquitetura da base de dados

Uma base de dados que tem de ser capaz de manter dados de milhares de contadores tem de ser revista. A simples indexação da informação, como é feita atualmente, não será suficiente devido à grande quantidade de informação a armazenar.

Uma boa abordagem seria manter as informações em dois conjuntos de tabelas: tabelas recentes e tabelas arquivadas. As tabelas recentes manteriam as informações do último mês ou dois (configurável), enquanto as tabelas arquivadas manteriam as informações mais antigas.

Noventa e cinco por cento do acesso seria feito às tabelas recentes e seria relativamente rápido, uma vez que o número de linhas que a base de dados precisa de ordenar é relativamente pequeno.

Os restantes cinco por cento das consultas iriam para as tabelas arquivadas. O acesso às tabelas arquivadas seria um pouco mais lento, mas isso reduziria a carga geral no servidor de banco de dados.

O acesso a estas tabelas seria gerido pelo sistema e seria completamente transparente para os utilizadores.

8.3.1.3 Back end assíncrono

O suporte de milhares de dispositivos exigiria uma mudança nas comunicações.

Atualmente, quando o RSEnergy está a registar os dados históricos, passa pelo seguinte processo (síncrono):

1) A RSEnergy envia um pedido de dados ao dispositivo #1

2) A RSEnergy aguarda a resposta

3) Resp onse é recebido e registado

4) A RSEnergy envia um pedido de dados ao dispositivo n.º 2

5) RSEnergy aguarda resposta

6) A resposta é recebida e registada

7) A RSEnergy envia um pedido de dados ao dispositivo n.º 3

8) ...

Esta abordagem round-robin funciona bem no ambiente intranet com relativamente pouca latência ou nas configurações de Internet com poucos dispositivos (menos de cem).

No entanto, no caso da Internet, o tempo necessário para obter uma resposta de um dispositivo pode ser da ordem dos segundos. Supondo que precisamos de consultar milhares de dispositivos a cada quinze minutos, temos um problema de tempo.

Para resolver este problema, o RSEnergy precisa de mudar para o modo assíncrono. No modo assíncrono, o RSEnergy efectuaria todos os seus pedidos e trataria as respostas à medida que estas chegassem, em vez de as tratar uma a uma. Isto pode acelerar significativamente as comunicações em ambientes de rede com grandes latências.

Outra possibilidade seria a utilização de um método "push" em vez do atual método "pull" (ver capítulo 5.5.1).

8.3.2 Apresentação de relatórios

A RSEnergy beneficiaria de capacidades de elaboração de relatórios mais sofisticadas que incorporassem ferramentas mais poderosas e flexíveis para analisar a informação registada.

O motor de faturação precisa de ser melhorado para permitir a agregação de contadores reais com os chamados "contadores manuais". A utilização de energia para os contadores manuais é introduzida manualmente - isto poderia permitir analisar empresas com alguns dispositivos antigos sem o suporte de rede.

Atualmente, a utilização de um medidor de leitura de impulsos como dispositivo de medição para qualquer coisa que não seja água, gás ou eletricidade, requer alguns truques. Uma versão futura do RSEnergy deverá ter um tipo de "medidor de leitura de impulsos universal" que permita medir qualquer tipo de variável.

Obviamente, os relatórios devem funcionar com contadores manuais e universais para permitir uma integração flexível dos seus valores nos relatórios de faturação e comerciais.

8.3.3 Compatibilidade com o Netscape

Quando o RSEnergy foi originalmente desenvolvido, foi decidido que o RSEnergy apenas suportaria o Internet Explorer como front-end e não suportaria clientes Netscape.

Esta decisão funcionou bem no ambiente de intranets ou pequenas instalações de Internet, especialmente tendo em conta o facto de o Internet Explorer ser software livre. Acelerou os processos de desenvolvimento e teste e permitiu a criação de uma experiência de utilizador mais rica.

No entanto, agora que a maioria dos sistemas está a passar para o modo de fornecedor de servidor de aplicações, seria muito vantajoso que estes sistemas fossem independentes do navegador, mesmo à custa de alguma da riqueza da interface do utilizador e da velocidade.

As futuras versões do RSEnergy devem ser escritas tendo em mente o Netscape e testadas para além dos limites do browser, permitindo um alcance mais alargado a diferentes plataformas e instalações de clientes.

Conclusão

Como vimos, a gestão moderna dos recursos apresenta muitos desafios e oportunidades para um gestor de energia numa grande instalação.

É impossível para os gestores de energia enfrentarem estes desafios e tirarem o máximo partido das oportunidades actuais sem uma sólida compreensão dos fundamentos da gestão da energia.

No entanto, mesmo com uma boa compreensão destas questões, é muito difícil gerir recursos com as "mãos vazias". Para ajudar neste processo, existem atualmente no mercado muitas soluções de software e hardware (incluindo várias criadas com o envolvimento direto do autor). Estas ferramentas podem ser de enorme ajuda para um gestor de energia na sua tentativa de poupar dinheiro para a empresa e melhorar a eficiência das operações.

Compreender a indústria e utilizar as ferramentas corretas para o trabalho permitirá poupanças significativas, bem como melhorar a eficiência da empresa como um todo.

A Internet tem um enorme potencial para a gestão da energia. Muitos sistemas baseados na Internet já estão no mercado e muitos outros serão lançados em breve. A minha previsão é de que a indústria irá avançar na direção da aplicação

Sistemas de fornecedores de serviços, uma vez que podem ser mais rentáveis e podem atingir um mercado muito mais vasto.

Ser eficiente na utilização dos recursos naturais (incluindo energia, água e gás) é o nosso dever enquanto cidadãos responsáveis do planeta Terra. Perante a crescente procura de energia por parte da civilização humana, temos de ser eficientes para garantir que estes recursos perdurem para os nossos filhos no futuro.

Sobre o autor

O autor deste artigo trabalhou durante cinco anos na Engage Networks, Inc - uma empresa líder no sector das soluções de gestão de energia.

Foi gestor de projeto e líder de projeto no sistema de gestão de energia ativa (AEM) da Engage, bem como em muitos outros sistemas baseados no AEM, tais como: Rockwell Software's RSEnergy, Invensys eLutions, Duke Energy's eMonitotring, Alliant Energy's Energy Counts e outros.

O autor possui um elevado nível de especialização em gestão de energia e soluções informáticas relacionadas. O seu motor de faturação genérico, introduzido em 1998 como parte do AEM, foi o primeiro na indústria e está patenteado por y Engage Networks, Inc.

O autor tem prestado consultoria a empresas do sector da gestão de energia desde que deixou a Engage Networks, Inc. no início de 2000.

Bibliografia

http://www.ab.com/power/prodinfo/pqa/1403 index.html: Sítio Web oficial da Allen Bradley.

www.dukesolutions.com: Sítio Web oficial da Duke Energy.

Eddon, Guy e Eddon, Henry "Inside Distributed COM" Microsoft Press: Redmond, 1998.

Edwards, Keith W. "Core Jini" Prentice Hall Computer Books: Nova Iorque, 2000.

http://www.eece.ksu.edu/~starret/581/topic.F95/kaufman.html

Página inicial dos sistemas de gestão de energia.

http://www.elutions.com/eLutionsCorporate/demo.html: Sítio de demonstração dos sistemas de gestão de energia eLutions.

http://www.engagenet.com: Sítio Web oficial da Engage Networks, Inc.

Lhotka, Rocky. "Professional Visual Basic 6 Distributed Objects" Wrox Press: Birmingham, Reino Unido, 1999.

http://www.manufacturingsystems.com/archives/1999/Aug99/0899mf1.asp: Michel,

Roberto *"Reduzindo as contas de energia. O software de gestão de energia empresarial ataca os custos difíceis de controlar". Manufacturing Systems International, agosto de 1999Issue.*

http://www.microsoft.com/ISN/ind solutions/com app hosting 444.asp: Web site da Microsoft para alojamento de aplicações osting

Greenwald, John. "The New Energy Crunch". *Time.* Págs. 36-38. 29 de janeiro de 2001.

http://www.novem.org/events/ieecb/papers/herridge.htm: Herridge, Steve. "Práticas

Exemplos de gestão energética/ambiental numa empresa."_http://www.rockwellsoftware.com: Site oficial da Rockwell Software.

Scribner, Kennard; Stiver, Mark C; Scribner Kenn "Understanding SOAP: The authoritative solution" SAMS: Boston, 2000.

http://www.siliconenergy.com: Sítio Web oficial da Silicon Energy.

Smith, Craig B. "Energy Management Principles, Applications, Benefits and Savings" Pergamon Press: Nova Iorque, 1981.

http://www.ticino.com/usr/rtognacca/bbem intro.html

A oportunidade de negócio: Melhor gestão da energia.

Printed by Books on Demand GmbH, Norderstedt / Germany